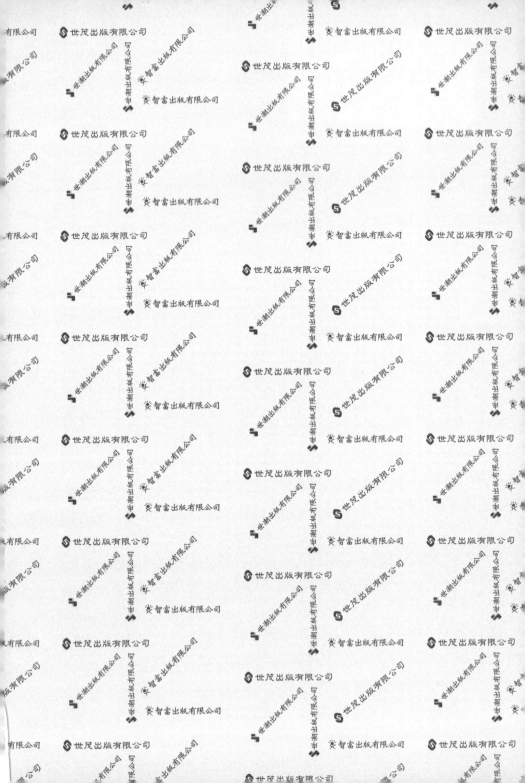

以「在家享受專業味道」為宗旨的成城石井配菜，全出自專業廚師之手，同時堅持著「家的味道」。

在自有工廠「中央廚房」製造的麵包（左）和司康餅（右），不使用人造奶油，而是使用天然奶油烘焙而成。

一天賣將近4,000個的優質乳酪蛋糕，不使用機器，每條皆是手工製作。可常溫保存也是受歡迎的地方。

採購人奔走國內外，採買真正的優質商品。多樣、豐富、高品質的商品是成城石井的賣點。

「任何地方都可開設分店」是成城石井的強項。即便是被認為不可能開超級市場分店的車站內，成城石井仍能在有限的空間中，陳列出比一般超市更多樣的商品。

重視「與顧客的交流」的成城石井。
多位有著豐富商品知識的店員，還有許多認同「想要回應顧客的期待」的企業姿態，有著20、30年資歷的資深人員。

提升待客、服務能力的研修等，
各種完善的培育制度。

質感行銷哲學：成城石井的不削價經營法

成城石井はなぜ安くないのに選ばれるのか？

世界各地嚴選商品，只有成城石井買的到

中央廚房自製手工優質乳酪蛋糕，一天可賣四千個

任何地方都可開設分店

重視「與顧客的交流」

完善的培育制度

上阪徹 /著

衛宮紘 /譯　織田桂子/攝影

成城石井，為什麼受到這麼多人支持？

東京世田谷區「成城」，是東京都數一數二的高級住宅區，作家、畫家、音樂家、演員、藝人、企業家……等，許多名人進駐此區。雅緻的宅邸是這個住宅區的特徵。

若說到另一項使成城之名遠近馳名的地區象徵，那就應該舉出這個名字，成城老居民口中的「石井店舗」，車站前的老字號超級市場——成城石井。

執筆本書的我，二〇〇三年時，在因緣際會之下，移居到成城。過去曾有幸採訪在成城有工作室的作家，當時一眼就喜歡上這個市街。

成城的生活剛起步時，我最先踏入的店家就是成城石井。因為從事商業文章撰寫的工作，平時便會收集各產業的訊息，也有過執筆流通業界的文章，所以成城石井的名字，我早有耳聞。

這是間高級住宅區居民平時利用的老字號超市，經營高級商品、舶來品，陳列和其他超市有些不一樣商品。店內的裝潢、商品擺設等肯定是高級又講究……這是我對成城石井的想像。

然而，第一次踏入店內的時候，我感到相當驚訝，和想像中完全不同。這間店沒有像外國店鋪的美麗陳列，也沒有特別講究照明，雖然環境整潔乾淨，但沒有特別高級的感覺。

「什麼嘛，不就是普通的超市嗎？」

說實話，這是我對成城石井粗略的第一印象。說來慚愧，家中食品等的採購事宜全交由內人打理，我基本上不會同行，那次之後便沒有再踏入成城石井。

後來，得知成城石井的店舖擴大，在車站內、商業設施中開設分店，當時我認為這只是依靠品牌的力量，加速開設分店，沒麼大不了的。

印象大為改變，是附近車站——成城學園前站大規模改裝成車站大樓的時候，成城石井周邊鐵道公司旗下的店鋪、店面改裝，一改過去的樣貌，變得煥然一新，整體外觀大為提升。

附近的居民悄聲說：「那是為了對抗成城石井吧？」的確，新建的店鋪散發著一股高級感，我心想成城石井應該會受到不小的打擊。

因為這樣的插曲，使我湧起了興趣。這大概是職業病使然，我開始比較、觀察這兩間店。

結果，就我的觀察，縱使旁邊有外觀高級的新店鋪，成城石井仍不為所動，顧客人潮可說完全沒有減少。

後來，稍遠一點的幹線道路旁新開了一間高級超市，更近一點的地方也開設了貿易公司旗下的超市，成城石井像是絲毫沒有受到影響一樣。幹線道路旁的高級超市不久後便撤出。

成城石井到底哪裡不一樣？人氣的秘密在什麼地方？那時，我想說以後有機會再來調查。

二〇一三年，我收到跟我有相似想法的編輯信件。

這位編輯平時經常到涉谷區的成城石井消費，對「飲食」非常關心的他，馬上就注意到成城石井不單只是間超市而已，許多高級超市幾乎無法拓展分店，但成城石井卻陸續開設新分店。這間超市哪裡不一樣？人氣的秘密在什麼地方？編輯跟我產生相同的疑問。

因為這樣，我們在成城石井的全面協助之下，展開解明其人氣秘密的企劃。

我最先採訪的是幾乎每天出門購物的妻子和她的友人，他們對成城石井的評價遠遠超出我的想像，不斷聽到這樣的聲音：

「在成城石井買過肉之後，就不會想在別家店買。應該說，孩子們不吃成城石井以外的肉。」

「突然想吃點不一樣的東西，或想要美味的調味料、食材的時候，我就會去成城石井，那裡一定可以買到有趣的東西。」

「配菜的品質很好，和其他間超市的完全不同，陳列的菜色變化多，味道也是令人驚訝的正統。」

「結帳速度非常快，幾乎不用等待就結帳完成。店員的裝袋細心又非常有技巧。」

「服務等級不一樣，感覺非常好，問問題馬上能得到答案，店員不但細心對商品也非常瞭解。丈夫買酒一定在成城石井購買。」

同時，我第一次注意到，我家餐桌上也擺有許多成城石井的美食。我還因此被妻子笑罵一番。

我開始成城石井的取材，為什麼成城的居民都選擇在成城石井買東西？一步步抽絲剝繭，瞭解其中的理由後，我真的感到非常驚訝。

同時，這也消除了我第一次到成城石井時所產生的疑問。為什麼居民會選擇這麼質樸的店鋪？說得極端一點，成城石井不講求高級的外觀。比起外觀，成城石井更在乎「以合適的價格提供美食」這件事。

取材時，所有的問題都能得到明確的理由，有問必答，感覺就像是這間超市所有的一切都有它的理由。這也是讓我感到驚訝的地方。

本書共有七個章節，經由採訪相關人士，為您解開為什麼成城石井能受到這麼多人的支持的密秘。

第1章，說明對商品的堅持以及為什麼成城石井要這樣堅持。

第2章，討論除了商品外同樣為成城石井優勢的待客服務。

第3章，解說為什麼成城石井能夠經營多項獨家商品，且商品種類豐富繁多；採購人的重責大任是什麼；成城石井原創的自有品牌產品有何堅持；以及有著中央廚房的自家配菜工廠如何運作。

第4章，說明成城石井是如何經營，採訪日常的經營模式及開設分店的戰略。

第5章，考察成城石井的轉折點——二〇〇四年併購事件。這個事件成為日後成城石井飛躍發展的巨大關鍵。

第6章，說明怎麼培育人才，包含打工、兼職人員的人事戰略、人才教育。

最後的第7章，說明不希望被稱為高級超市的成城石井，成功的本質、課題及新的挑戰。

我想從這七個角度，討論受到多數消費者支持的成城石井。今日快速成長的成城石井，我想其經營思維，能為不同領域業者帶來新的啟發。

第1章

狂熱受到支持的超市

「對商品的堅持」

第2章

顧客至上主義、重視「基本」

「對服務的堅持」

第3章

種類多樣的商品是如何做到的？

「強大的採購能力和中央廚房」

第4章

哪裡都可開設分店的超市

「強大的經營與店鋪開發」

第5章

成為轉機的併購

「對事業的熱情與驕傲」

第6章

店鋪的主角是人

「對人才教育的堅持」

第7章

不希望被稱為「高級超市」

「成功的本質與挑戰」

第1章

受到狂熱支持的超市

「對商品的堅持」

香腸

成城石井的堅持商品①

使用成城石井鮮肉區也有販售的國產新鮮豬肉，以德國岩鹽（Alpensalz）調味，並用天然羊腸灌製的豬肉維也納香腸。燻製用的木材，使用從原產地德國進口的櫸木。在世界高峰食肉加工競賽「SÜFFA、DLG」中，火腿、香腸榮獲數面獎牌，技術、品質受到原產地德國的肯定。

「開在附近真好！」廣受歡迎的超市

東京的麻布十番同時有著新式大樓、雅緻餐館與老店舖、下町[1]風情，散發獨特的氛圍，在東京是相當有人氣的市街。為取材走訪這個市街的時候，在主要街道旁的全新超市，正迎接開幕的第二個月。賣場面積僅五十九坪，以「超市」來說，店鋪小得令人吃驚。

然而，在這小小的空間裡，陳列了六千至七千種商品，從中午開始店內就顯得熱鬧非常。來店人數實在過多，以至於放在入口旁的購物籃總是不敷使用。

營收超出當初估計的兩倍多。在消費低落的現代，這真的是令人吃驚的盛況。

這間店的名字是「成城石井」麻布十番店。附近除了有大企業資本的超市，也有從以前營業至今的超市，店家旁不遠處還有一家大型便利商店坐鎮。儘管在這樣不利的環境，成城石井仍不受影響，後來居上，成為生意興隆的店家。

不僅止於路面店家，最近變得隨處可見的超級市場成城石井，現在仍繼續加速成長。筆者二〇一四年三月撰寫本書的時候，店鋪數已達一百一十二間。

十年前，二〇〇四年的時候，成城石井才三十間店，在更早之前，一九九四年時只有四間店，短短二十年便發展超過一百間分店。

而且，路面店、車站大樓、百貨公司地下、購物中心店面、商業大樓、便利商店廢棄地等，店鋪的型態林林總總，小至二十坪的小型店，大至一百九十坪的大型店。

全店鋪的總營收良好，二〇一三年的總營收為五百多億日圓，比去年成長一五〇%，相較於二〇〇九年總營收的四百多億日圓，四年間成長了一百多億日圓。工作人員多達三千四百名（正式職員約八百名；兼職、打工人員約兩千六百名）。

在這二十年間，日本的消費市場現況愈來愈嚴峻。根據《商業營收統計》，二〇〇〇年至二〇一〇年，零售業的營收從一三六．八兆日圓跌到一三四兆日圓，縮減了兩兆日圓。

以個別企業情況來看，百貨公司從八．六兆日圓跌到六．二兆日圓，大幅掉了兩兆

1 都市中的低窪地區。

日圓；綜合超市從一五・九兆日圓跌到一二・七兆日圓，縮減規模有三兆日圓。

在這樣景氣低迷的環境中，成城石井的店舖數卻倍增，增加將近三倍的數目。而且，據說分店開設的請求至今仍不斷湧入。麻布十番店也是，店舖開幕之後，陸續聽到這樣的心聲：

「成城石井終於開幕，我等很久了，真是高興。」

「開在附近真好！謝謝您。」

「太好了！今後我一定天天報到。」

新分店一開幕，便收到諸多感謝與回饋，很多人都等著分店開幕。成城石井就是這樣的存在。

只有成城石井才買得到的眾多商品

那麼，為什麼成城石井能夠得到這麼多的支持呢？首先，最大的特徵是獨特多樣的商品，除了進口的商品與食材、不為人知的名品、地方名產之外，還有眾多自有品牌的商品與食材。

葡萄酒、乳酪、生火腿、紅茶、咖啡、橄欖油、果醬、味噌、牛奶、豆腐、納豆、昆布、柴魚、高湯、乳酪蛋糕等，架上除了陳列知名廠商的產品，還有許多只有在成城石井才看得到的商品，購物的選擇多樣。

當然，商品依店鋪的規模而異，但光是鹽的種類就豐富多樣，除了一般超市販賣的標準商品之外，還陳列了「宮古島雪鹽」、「淡路島藻鹽」、「Sel Fin」、「Extra Fine Salt」等，礦物質含量等規格迥異的眾多商品，其中也有五百公克就要價約一千二百日圓的「海之精」、「粟國之鹽」等高級品。

每間分店都有販售高人氣的成城石井原創咖啡，全使用阿拉比卡種的咖啡豆，人氣的理由在於相對品質的高CP值。據說這是內行人馬上會就知道的划算商品，連專業咖啡店的店長都會前來採買，因為這比用業者價格購買的咖啡豆還要划算。

同樣有人氣的巧克力商品，有許多是從原產地比利時、法國直接進口。但進口商品一包的份量太多，所以部分進口巧克力不會直接擺到架上，而是重新分裝後再以高品質

鹽的商品架上，眾多產地、成分等不同的鹽。

的包裝技術陳列上架。這樣的體貼入微是受到顧客支持的理由之一。

舶來品眾多，跟成城石井有自己的貿易公司有很大的關係，從還是一家店舖的時候，便不依靠第三者，由採購人親自出國尋找商品，大量採購，所以店裡才有許多獨家商品，只有成城石井才能購得。

除了這些舶來品，店裡也有許多自有品牌商品。詳細的內容會在第3章討論，味道、品質不用說，因為對原料安心安全的堅持，最後變成自己生產。

舶來品加上原創商品，全體約有三成的商品為獨家商品在別的地方買不到。商品的獨特以及高品質，是成城石井高人氣的理由。

然後，若要說商品種類的獨特，那就得提在成城石井有著高存在感的配菜。看一眼成城石井的配菜區，馬上就能注意到與一般超市、便利商店有著壓倒性的不同，菜色完全不一樣，比如成城石井幾乎沒有賣油炸物。

一般的超市有數百坪的用地面積，賣場中通常有後方準備室可以準備配菜。製作多是外包，再由兼職的負責人員在後方準備室加工處理，使商品容易擺放在店裡。

這樣的食品製作方式簡單，基本上是只需開封後裝盤、或是將冷凍食品取出微波，要不就只需要油炸。所以，一般超市的配菜通常油炸物占多數。

但是，成城石井的店鋪，除了一部分的大型店之外，基本上沒有後方準備室可以調理、加工。前面提到，成城石井從很早以前就有自己的貿易公司，並且在還只有六間店的時代，公司便建起製作配菜的食品工廠「中央廚房」。

這部分在第3章會詳細討論。基本上，成城石井的配菜，幾乎全是由這個中央廚房製作，不是外包，而是自家製作。

負責配菜開發的，是原知名飯店或知名餐館的專業人士。換言之，成城石井雇用一流的廚師製作超市的配菜，而且，幾乎全是親手準備，包裝後陳列到各分店。

不論是食品還是配菜，成城石井陳列的商品都和別家超市迥異。但是，若只是陳列珍貴的、高級的食材，成城石井應該沒有辦法得到今日這樣的支持。

成城石井齊備了一流的商品，價格也合理。

「有這樣的高品質，這個價格絕對不貴。」

瞭解商品的顧客都會這樣說。這就是成城石井。

挑剔的顧客培養出更好的成城石井

從舶來品等獨特多樣的商品，到一流廚師製作的配菜，而且價格合適。為什麼成城石井能夠做到這樣？原昭彥社長答道：

「成城石井是由成城的顧客們所培養起來的。」

成城石井誕生於一九二七年二月，當時是販售水果、罐頭、糕點的食品店。創業者石井隆吉先生，在東京都世田谷區的成城建立店面。然後，第二代社長石井良明先生在一九七六年時，將店鋪改裝成超級市場。

一九八八年，神奈川開幕的「青葉台店」，是成城石井的二號店。之後，分店慢慢地擴大，自一九九七年第一間車站內店鋪「atréc惠比壽店」開幕以後，分店加速發展，但成城石井的一號店「成城店」，現在仍然有著壓到性的地位，當然，營收也是所有店鋪之首。

原社長說：「成城是東京都內數一數二的高級住宅區，居民多為一路引領時代尖端的經營者、文化人，也有許多擁有海外經驗的歸國子女。就這個意義來說，這裡是特別的區域。在這區域做生意會是如何呢？這區的居民看盡各種琳琅滿目的商品，店家必須暴露在他們挑剔的眼光中。」

現在的成城劃分成很多區域，但過去，真的就像是大庭院一般廣大豪宅區，是堅持豐裕環境的人們所聚集的市街。原社長繼續說：

「當然，也有對食感興趣、高度關心的人，追求真正的好東西，絕不妥協。對他們來說，『高價就是好東西』是理所當然的想法。要如何定價？這是做買賣一定會碰到的問題。如何回應顧客的尋求、期待？一直以來都是成城石井必須面對的課題。為了能夠提供真正美味的東西給顧客，我們盡十二萬分的努力做能做到的事，這就是成城石井的DNA，絕對不容許妥協。不這樣做，就無法得到成城顧客的認同。」

為了成城石井葡萄酒，不惜花費三小時的路程

成城石井從成城的居民身上得到許多商品上的啟發。原社長說：

「曾旅居海外、巡遊日本國內各地的成城居民，見多識廣，知道的事情肯定比我們多。去了解這群「對飲食文化敏感的人」，聽他們的看法，成城石井再從中挖掘可以改進的地方。如何提供顧客想要的東西？我們和顧客一起思索，這樣一路走來。這就是成城石井的歷史。」

具有象徵性的例子是葡萄酒。因為擁有壓倒性的商品種類和高品質，葡萄酒為成城石井的人氣商品之一。此外，成城石井也非常堅持葡萄酒的品質。

「一九八〇年代，開始經營葡萄酒的時候，聽到顧客說：『歐洲的葡萄酒更好喝喔。』於是，我們實際走訪歐洲品嘗葡萄酒，驚訝於口中葡萄酒的順口程度。明明是同等級的葡萄酒，當地的味道和日本國內的完全不同。」

當時，葡萄酒的進口是委託貿易公司，經過調查，終於找到味道不同的理由。原來

因為從歐洲進口過來時，葡萄酒是以常溫、普通集裝箱運送。

利用船運，葡萄酒需要花費兩個月的時間飄洋過海。酒品長時間的運輸，經過即便是冬天溫度也接近三十度的赤道附近區域，會發生什麼事呢？集裝箱內的溫度跟著升高，這樣的高溫怎麼可能不對酒造成影響。實際上，酒幾乎達到沸騰狀態，運到日本的時候，酒的容量也有所不同。

「所以，成城石井的葡萄酒選擇用『Reefer』集裝箱、定溫運輸的方式來直接進口。從當地葡萄酒場便不接觸戶外空氣，直接運送到日本。」

在三十多年前來說，這是奇異的做法，非常耗費成本。而且，若運到日本後接觸到空氣，前面的努力就沒有意義，所以成城石井也在倉庫上下了功夫。

「建造完全定溫、定濕管理的倉庫，保存進口的葡萄酒。葡萄酒是非常纖細的商品，一個不小心便可能破壞酒的味道。除了二十四小時溫度、濕度的管理和紀錄之外，我們也採取全室冷氣，保留自然狀態。熟習釀造知識的專業職員直接從歐洲採購，堅持定溫運輸，以和當地相同的條件保存，各分店間的配送同樣以定溫運輸。這就是成城石井的葡萄酒。」

保存的葡萄酒，數量有時候可多達一百五十多瓶，但實際上，成城石井不是依照進口的順序陳列在店裡頭，而是選擇達到飲用狀態的葡萄酒上架。

「想要拿給顧客最好的、想要提供顧客最佳狀態的酒品，成城石井就是抱著這樣的想法，做到這種程度，所以熟知葡萄酒的人，即便是同樣一千五百日圓的酒，成城石井葡萄酒的價值不一樣。不少人這樣評價我們的葡萄酒。」

過去還有顧客願意花費三、四個小時的車程，特地從外地前來成城石井購買葡萄酒。

「我想沒有其他家會做到這種程度。但反過來說，做到這種程度才有辦法提供顧客真正美味的東西。追求這個堅持的過程，衍生出定溫運輸等各種機制。」

順便一提，不是所有地方都採用定溫運輸「Reefer」，若葡萄酒後面的標籤沒有標示，很有可能就是以常溫、經過赤道的方式運送，這樣的酒可能失去原本葡萄酒的風味。

另外，即使標有「Reefer」，酒品也會因日本國內的物流、保存狀態，品質出現劣化。追求美味葡萄酒的人，除了確認品牌、味道之外，也必須注意店家是如何管理酒品。

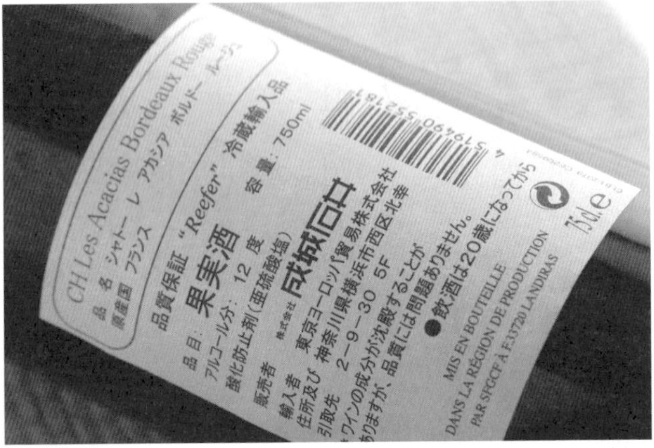

標有定溫運輸「Reefer」的葡萄酒標籤。品質保證的證明。

不以獲利為優先

成城石井實現了定溫運輸，進口美味的葡萄酒，在日本也能享受和歐洲同樣味道的葡萄酒。

葡萄酒定溫運輸實現後，又陸續聽聞成城顧客的其他心聲。原社長繼續說：

「『葡萄酒，真的有很多種類哦，不是只有法國，義大利、西班牙的葡萄酒也很好喝。』聽到顧客口中的訊息後，我們增加了葡萄酒的種類。因為有成城顧客的資訊，我們才能夠做到這些。」

而且，顧客的心聲不只有針對葡萄酒

而已。

「『有好喝的葡萄酒，就想要搭配美味的食材。』那就是乳酪。當時在日本，說到乳酪，就是指再製乳酪。但是，『再製乳酪和葡萄酒味道不搭。』」

後來，成城石井開始經營和葡萄酒同為人氣商品的進口乳酪。這也是發生在一九八〇年代的事情。

「因為這樣，我們也開始供應搭配各種葡萄酒的乳酪。乳酪很重視新鮮度，所以，我們以飛機來運輸乳酪。」

然而，空運的價格昂貴。即便是從貿易公司採購，當時需求量少，手續費高，使價格居高不下。

「於是我們突然想到，為什麼不自己直接進口呢？手續費什麼的，對顧客來說不是多餘的成本嗎？只要能建立以合理價格提供顧客高品質商品的機制不就可以了嗎？」

於是，成城石井成立了貿易公司「東京歐洲貿易公司」做為子公司，實現自己堅持的運輸方式，去除不必要的手續費，以合理的價格提供葡萄酒、乳酪的進口品。原社長繼續說：

「這樣直接進口的機制，可以應用在很多商品上。『國外的巧克力和日本賣的味道不太一樣喔』、『歐洲的橄欖油很有人氣喔』、『西班牙、義大利有美味的生火腿喔』……等，我們陸續傾聽顧客的心聲，成城石井的舶來品種類不斷擴展。」

有趣的地方是，成城石井不以獲利為優先，堅持推出真正好吃的東西，才造就今日多樣的商品。就結果來說，看似吃虧的經營方式，反而讓成城石井發展出其他公司無法模仿的機制與商品齊備。

「日本的製造商、批發商非常努力，但只在國內採買，沒有辦法滿足成城石井的顧客。然而，批發商不著手經營高品質的國外商品，我們只好自己前往採購。成城石井因此建立了直接前往產地採購任何商品的機制。」

肉品的供應講究時機

這樣的想法並不只限於舶來品，超市重要的肉、魚、蔬菜生鮮三品也同樣適用。為了滿足有著挑剔眼睛的成城顧客，成城石井也非常要求自己的鑑別力。

在成城石井的鮮肉區，擺放著色澤鮮豔的肉品，不論是牛肉還是豬肉，一眼就可以看出是高級肉品。當然，價錢相對較高。原社長說：

「肉質有等級之分，在成城石井，專門的採購人主要進貨Ａ５、Ａ４的最上級肉品。就等級來說，雖然Ａ５比Ａ４還要再高一等，但令人困擾的是，並不代表Ａ５的肉就一定比Ａ４美味。」

評定等級的是肉質檢察官。肉質等級是依據脂肪、光澤、緊實等來評定，而不是依據味道來評定。

「有的採購人判斷Ａ４的肉比起Ａ５的更好、更美味，選擇採購Ａ４的肉。不光依照等級判斷肉品，採購人平時就得用自己的眼睛來判斷。」

成城石井追求的是真正美味的食材，不是買進最高等的食材就好。

「這就是不能以貌取『味』。比如赤牛的肉，外觀上幾乎看不到白色脂肪的油花，但並不表示牠的脂肪比較少，油花少是因為牛的品種、吃的飼料不同。有人因而認為不好吃，但其實這是非常美味的肉品。成城石井對自己有信心，販售赤牛的肉。令人遺

肉品經由專任負責人確認，達到適合食用的狀態才上架。

憾的是，生產量不高，只有少數分店有販售。」

店裡也有各地的品牌牛、品評會的冠軍牛作為宣傳，每種品牌的肉都有自己的個性。為了滿足不同顧客的口味，成城石井也在這邊下了許多功夫。

另一項特別之處是，成城石井不是馬上將採購進來的牛肉切割分裝上架。

「這是以前就實行的做法，各分店配有熟習肉知識的負責人，會讓肉品在店家、採買地成熟，達到最適合食用的狀態時，才提供給顧客。不是只有選擇好的肉品，還要看準適合食用的時機。成城石井有著這樣眼力的專家。」

然後，如何處理採買進來的肉品，也會產生巨大的差異。比如雞腿肉，內人第一次在成城石井購買的時候非常驚訝，雞肉上沒有多餘的油脂、血塊。

為什麼在餐廳吃的雞肉和在家調理的雞肉會出現臭味上的差異？內人覺得原因可能就是在於這個脂肪。餐廳的雞肉，我想可能有事先把脂肪處理掉，所以才能像成城石井的肉品一樣，沒有腥臭。

「我們會確實處理肉品。這也是全權交給專任者負責，肉品經由專業技術處理後，才提供給顧客。所以，很多第一次購買的人都會感到驚訝。」

此外，雞隻吃的飼料不一樣。這也是肉品沒腥臭的理由。

「牛肉、豬肉、雞肉……全部都是標有生產者肖像[2]的商品。我們將這些『來歷明確』的肉品，交由熟知肉品的專任者處理，才提供給消費者。」

因此，原社長表示，購買的時候，可以多和店內人員討論。今天要做什麼料理？壽喜燒？牛排？約有幾個人要吃……？說不定店員還能推薦該時期最好吃的肉品。

2 日本的生鮮包裝上會標有肖像和名字，可以知道是誰生產的。類似產銷履歷。

多項嚴選商品，堅持給顧客最好的品質

蔬菜和魚的進貨，同樣徹底堅持品質。過去，採購人是親自駕駛輕型車，拜訪生產者，大量採購。原社長說：

「也是有真的對產品品質有所堅持的生產者，堅持做出『好的產品』。然而，若是賣給普通仲介業者，『好的產品』和『普通的產品』，之間的評價幾乎沒有差別。這不是價格的問題。生產者尋找伯樂，希望有真正理解『好的產品』而前來購買的人，而成城石井也在尋求這樣的生產者。」

「終於有理解的人出現了。」實際上，成城石井屢次得到生產者的讚許。但是，從產地直銷，供給是否能做到安定是最大的難題。雖然成城石井也可以選擇輕鬆一點，交給仲介業者去處理，但為了兼顧品質，成城石井花了更多心力控制好供給，以便能從產地直銷，在賣場擺出有所堅持的蔬菜。

「初春的霜降白菜、深谷蔥等，每年都有很多顧客期待這些農產品上市。這些農產

品，都是直接跟生產者接洽、指定進貨，屬於最好農田的農產品。成城石井長年下來持續指定買入『好的產品』，並與生產者們建立了良好的信賴關係。」

曾聽聞顧客表示，成城石井的蔬菜放在冰箱也不容易壞，除了進貨產品的等級高這個原因之外，也跟蔬菜的新鮮度高有很大的關係。

魚主要是從日本東京的築地市場嚴選進貨。為了安定供給，直接跟漁夫購買魚貨，同樣地，對魚貨的品質也非常堅持。

「例如，初春是螢魷的產季，我們原則上只購買富山灣的螢魷。而秋刀魚主要買北海道厚岸的秋刀魚。」

秋刀魚以日本東北三陸產的較為有名，但因為實際捕獲數量的關係，多用在加工食品上。

「三陸的秋刀魚雖然有名，但魚身較細，北上到北海道的厚岸秋刀魚，會變得比較大隻。令人驚訝的是，用手抓住秋刀魚的尾部，秋刀魚真的會向上立起，不會軟軟垂下，魚身的緊實可見一斑。秋刀魚一般是冷凍貨車運送，但為了求新鮮，我們以飛機空運。」

據說北海道的厚岸，有許多營養素從山上經釧路的濕地流下，引來許多浮游生物。厚岸的秋刀魚就是食用這些浮游生物，魚身才變得厚實美味。

「一般會用漁網直接大量捕獲秋刀魚，但我們為了避免傷及魚身，以溫和謹慎的方式捕捉。每年都有許多顧客等著成城石井的秋刀魚開賣。」

價位比標準的秋刀魚貴上兩、三倍，一尾約在三〇〇日圓左右。這該說是貴呢？還是該說便宜呢？

嘗過真正的美味後，就沒有辦法回頭了

不過話說回來，社長本身對商品也相當瞭解，這真的很有「對商品徹底堅持」的成城石井風格。原社長說：

「我過去從事過採購人，成城石井的每項商品背後，都有它的故事。今天，我們的蔬菜、魚肉類、關鯖魚之類的水產，都有自己的品牌。每當遇到美味的食材，我們都會

向生產者詢問美味的理由，例如海流、飼料等，理解後再傳達給顧客。」

然而，對品牌一頭熱是危險的舉動。以前就曾經發生過各產地關鯖魚氾濫的問題。

「重要的是，確實理解生產者的盡心盡力，不能光是知道品牌而已。」

當顧客知道背後的故事，商品才能得到支持。商品的故事是很重要的。

「有人說成城石井的商品價位偏高。的確，若單純比價，我們比其他超市來得高。只是，顧客聽完商品的故事，知道商品背後有著如此堅持的生產者、知道成城石井為了將這些好的商品送達顧客手中所做的努力之後，仍然會覺得貴嗎？我認為，成城石井的顧客都曉得這些。然後，經過一次又一次這樣的過程，商品種類逐漸增加，形成今天的成城石井。從成城店開始，接著在車站內等地方開設分店，知名度逐漸提升，發展成今天的一百一十二間店。」

縱使店舖數增加到這麼多，成城石井的基本思維仍然沒有改變。

「提供真正美味的食材，我認為這才是最重要的事情。我也不例外，嘗過真正的美味後，就無法回頭了（笑）。理解成城石井堅持的人增加，表示追求美味與口感的人也跟著增加。」

直接走訪產地，尋找真正美味的東西。成城石井是真正這麼做的公司，也因此而獲得各方的支持。可以說，培育出這樣的成城石井的，其實就是顧客本身。滿足顧客的期待，追求顧客想要的東西，才形成今天的成城石井。

第2章

顧客至上主義、重視「基本」

「對服務的堅持」

乳酪

成城石井的堅持商品②

和葡萄酒同樣追求種類齊備、高品質，成城石井約販售130種乳酪。卡芒貝爾乳酪、古岡左拉乳酪、布利乳酪等，從不同國家採購不同種類的商品，其中也有許多是以傳統製法、原料製作、取得原產地高品質認證的「AOP」乳酪。

成城石井重視的四個基本原則

二〇一四年一月二十一日，筆者旁聽了成城石井一年舉行兩次的「經營方針說明會」。會場在總公司附近，橫濱ＳＯＧＯ九樓的新都市會場。

說明會從下午一點開始，持續五個小時。筆者提早到場，裡面已約有八百位成城石井的人員擠滿會場。講台前的一樓座位約有五百席，坐滿了店長、第一線的人員，除了正式職員之外，兼職、打工人員也很多。二樓座位則是從總公司來的人員。

說明會一開始是資深員工的表彰，工齡十年的有二十七人；工齡二十年的有七人；工齡三十年的有兩人，各工齡代表人上台致詞、致謝。

然後，播放三分鐘的宣傳影片，之後為社長、管理總部、營業總部、製造總部、人事部等的部門主管報告，接著是革新成功分店的介紹、技能檢定者的表彰、優秀分店的表彰、海外研修參加者的分享報告等。

令筆者印象深刻的，首先是全體人員貫徹「前線第一主義」。會場圍繞一股前線分店為主角，以分店的店長、人員為中心的氣氛。

以社長為首的主管報告，醞釀出「謝謝您們一直在前線努力」的氛圍，讓人感覺總部的主管非常尊重在最前線工作的分店人員。

在這邊，幾乎完全沒有常見的企業情況「由經營者單方面說明業績、鼓勵前線提高業績」，反而讓人感覺說明會的重點是「感謝前線經營出好業績」。

前線主義，前線才是主角，就連最前線的經營階層也是如此。

然後，另一個令筆者感到印象深刻的，是原社長的發言。他提到「基本四項原則」的徹底實行，包含「招呼寒暄」、「環境整潔」、「防止缺貨」、「鮮度管理」。

這四項原則，是與顧客接觸基本中的基本，有如最高經營方針與成長策略。取材時，筆者詢問原社長關於這四個原則，原社長這麼說：

「正因為是基本，所以才重要。我認為，做好基本，才能進入下一步。縱使進了多麼好的商品，若沒有辦法向顧客好好地打招呼，是沒有辦法得到好評價的。顧客因為成城石井有很多其他店沒有販售的商品，所以才來成城石井，但卻因為服務不周到而無法愉快買東西，這樣的情況絕對不能讓它發生。」

成城石井能夠得到諸多顧客支持的另一個理由，就是對「待客」等服務的堅持及高水準。

重視與顧客的互動，只是來聊天也歡迎

實際上，有很多成城石井的顧客對賣場、結帳的服務給予高評價。在店裡，老顧客和工作人員親密談話的情景屢見不鮮，工作人員很多，不會有想要問問題卻找不到人的情況。

再來，成城石井還有一大特徵是其他超市沒有的，「天花板沒有垂吊商品指示牌」。這是有原因的。

「若有想知道的事情，可以隨意詢問工作人員，這就是成城石井的風格。這是間以對話與互動來親近顧客的超市。」

能夠互動的超市，正是成城石井的目標。

「不只是超市，有不少商業設施會以經費削減之名，減少工作人員，我想就是因為他們認為『與顧客的互動不重要，只是增加麻煩而已』。成城石井不這麼做，店裡投入許多工作人員，希望盡可能與顧客對話互動。」

藉由對話與互動，可以知道顧客想要什麼商品，能夠向顧客推薦：「今天這樣的商品有進貨喔。」或是關心：「前幾天購買的商品如何？」

成城石井的工作人員當中，有不少人不僅記得顧客的樣貌和姓名，還掌握了顧客的喜好。也有人為了回應顧客的期待，會用筆記本記錄熟識顧客所買的商品。

「正因為做到這樣，所以才會發生這種情況：顧客一來便問『今天△△在嗎？』其他店員回覆『他今天休息。』顧客說『那我下次再來。』就這樣回去了。但是，成城石井覺得這樣也可以，甚至什麼都沒買，只是來聊天也沒關係。只要顧客和成城石井的人員交談，感到『今天在成城石井真開心』就好。我們是這樣認為的。」

這樣的待客態度，從早期便存在於成城石井。這是因為居住在成城的顧客，許多都接觸過國內外高水準服務，成城石井就是受到他們很大的影響。

不只是商品的齊備，在服務的水準上，為了得到眼光挑剔顧客的好評，成城石井持續努力精進。

「雖然現在已經沒有這個制度了，但過去為了不使工作人員擺架子，成城石井會帶員工親自體驗頂級的服務，比如大家一起去看歌劇、在超一流的餐廳用餐、體驗一流飯店的服務等。有些事情，必須站在接受服務的一方，才有辦法體會。所以我們會盡可能讓員工站在和顧客同樣的立場，去感受顧客想要的服務。」

在服務方面，成城石井也非常努力精進呢！

擺上餐桌之前都是成城石井的工作

除了待客，成城石井還有另外一項投注心力的地方，那就是結帳。

在超市，最常出現的抱怨之一，就是大排長龍的結帳隊伍。經由店員引導排隊的收銀台動作比較慢，比較晚來排在隔壁收銀台的顧客卻比較早結完帳，讓先到的顧客感到內心不平衡：「明明隔壁比較晚到，為什麼比我先結完帳？」小小的因素，卻可能影響顧客再度造訪的機會。

為了加快結帳的速度，成城石井致力於提升收銀員技能的職能檢定，但努力並不只止於如此。

成城石井投注許多人力在收銀台上，在尖峰時段，更是一口氣投入更多人員。而且，成城石井不是需要自行裝袋的自助型超市，結帳人員會幫顧客裝袋。

他們的裝袋細心謹慎，比如草莓會先裝進半透明的塑膠袋中，接著在塑膠袋中充入空氣，馬上將袋口打結，使塑膠袋變成像是空氣墊一樣。這樣一來，能夠防止草莓被其他商品撞傷。原社長說：

「雖然這樣比較麻煩、增加成本，但對成城石井來說，希望顧客以最佳狀態將好的商品帶回去。將東西買回去的企業形態和餐飲業不同，不是當場食用。將商品帶回家裡享用，整個過程都會影響評價。就這層意義來說，從帶回商品到擺上餐桌，都是我們成城石井的工作。」

另外，在第3章會詳細說明，成城石井自家製的配菜極力避免使用化學調味料、不添加任何防腐劑，這是成城石井的原則。因此成城石井也非常注意保冷劑等的保存。

在尖峰時段，每個收銀台最多有三人負責。

「在收銀台確實投注人力，其實還有一個理由。作為一間能對話互動的超市，賣場裡配置許多工作人員，但商品的上架補充、確認商品的保存期限、隔天的訂貨業務等，都需要人力，若賣場的工作人員正在忙，收銀台就會成為交流的最後一道壁壘。結帳區與顧客的交談，有著非常重要的機能。」

收銀台是當天超市最後塑造形象的地方。

「即便得到優質的待客服務，聽聞詳細的商品故事，若顧客在最後的結帳感到不滿意，那前面一切努力恐怕功虧一簣，很有可能會損壞一間店的形象。收銀台是交談的最後壁壘，同時也是服務的最後壁壘，所以我們會在收銀台投注許多的人力。」

顧客覺得「這裡是自己的店」

成城石井投注了許多心力在收銀業務上。總部有位中途進入公司的主管，親身體會到收銀業務的厲害之處。他是在二〇一三年時，從大型衣料製造商的宣傳部轉職到企業溝通室的五十嵐隆先生。他剛進入公司的時候，和兼職、打工人員一同培訓，從分店最前線的收銀台裝袋業務的研修開始成城石井的工作。

在培訓的時候，他親身體會到收銀業務的深奧之處。

「雖然只是收銀台的裝袋，但並不是一直站在指定的收銀台，必須經常在各個收銀台間移動。當覺得哪邊好像快要形成隊伍的時候，我就必須前往那邊的收銀台。」

在第6章會詳細說明。不論是打工、兼職還是正式職員，進入成城石井都必須接受公司的研修訓練，在收銀研修中，也包括了裝袋的項目。五十嵐先生說：

「那時真的是醍醐灌頂，原來裝袋的動作也有著許多學問。比方說，因為雞蛋比較容易碎裂，多數人會將它放在最上面，但其實雞蛋放在袋子底下才是正確做法。」

雞蛋對橫向力的抵抗力弱，但對縱向力的抵抗力強，換句話說，將雞蛋放在最上方，若袋子傾倒，雞蛋破掉的可能性比較高。所以，雞蛋要放在最下面。

這是考慮到雞蛋強度而確立的方法論。

「商品裝袋有它的順序，袋子底部要怎麼擺？柔軟的東西要如何裝進去？在實際開始業務之前，我接受了收銀員長的嚴格訓練。這過程也是驚訝不斷，比方說，若將牛奶縱向放進去，拿起袋子時平衡容易崩壞，不應該縱向放入。

然而，也不是說隨意橫向放進去就可以了。放入時，不能將牛奶的正面標示朝上放置。若將正面標示朝上，牛奶盒上方封起的三角部分會騰空，盒子的強度會變弱。他繼續說：

「所以，不是將正面標示朝上，而是將側面朝上。這樣一來，牛奶盒上方封起的三角部分便有了支撐，能夠確保牛奶盒的強度，作為袋子底部的基底。」

筆者以顧客的身份前往，也對他們裝袋的技術感到佩服，不但作業迅速，袋子也剛好塞滿，商品擺的很穩，容易提拿袋子。沒想到裝袋也有著專業的學問。

五十嵐先生的培訓雖然僅有在成城店短短的兩天而已，但卻受益匪淺。

「能夠互動的超市是什麼意思？我真的完全瞭解到了。這可以說是社區本位，顧客幾乎是熟識的人，每位顧客都認為，這裡是自己的店。成城石井讓我產生這樣的印象。」

最令他印象深刻的是，自己默默裝袋的時候，顧客會不斷向他搭話。

「我明明才剛進來不久，顧客便一直向我搭話，像是『啊呀！第一次看到你耶。』

等，『你該不會是被哪間公司給裁員的吧？』連這樣的搭話都有（笑）。我想，顧客來消費時，也認為收銀台的人員就是『我的收銀員』吧。所以，我也必須記住顧客的事情才行。」

然後，另一個令他印象深刻的，是收銀人員心思的細膩。

「若那天的天氣是陰天，店員們就會隨時注意外面的天氣。除了天氣會影響顧客數的因素外，收銀員也必須根據天氣狀況，判斷裝袋時是要拿出普通的紙袋，還是有防水加工的袋子。這樣才能對應顧客的需求。顧客在沒有下雨的時候入店，但購物完出店後卻碰到下雨，這時若有確實對應，顧客便會留下好印象。結果，這樣細微的服務差異，也可能完全改變顧客的印象。」

但是，令他驚訝的展開，是當雨好像要停的時候。

「並不是說一下雨，便一直採取下雨的因應措施就行了。當雨停的時候，收銀人員要避免過度包裝，換回一般的紙袋。成城石井必須顧慮到這點。」

他表示，在研修期間，他真的實際感受到成城石井的企業形象，正以細微的顧慮、臨機應變得到顧客信賴。

所有分店都沒有服務手冊

重視待客服務的成城石井，本身並沒有服務手冊。因為不同職務、不同分店，所需要的東西完全不同。五十嵐先生說：

「通常，企業想要『經營這樣的店鋪』，那就需要製作服務手冊作為指南，遵照統一的模式。但是，店鋪的位置不同（比如路面店、車站內店），客層也就不同，兩者追求的東西自然會有所差異。即便同樣是車站內店，不同車站顧客所追求的東西也不同。所以，成城石井才刻意不制定服務手冊，但這也是成城石井的強項。」

對營運一方來說，有手冊會比較輕鬆、有效率，但成城石井刻意不這樣做。

店鋪內的商品種類、商品配置隨分店而異。若是追求效率，同樣的商品配置肯定比較方便。

「雖然這樣對公司比較方便，但是不是顧客所希望的就是另外一回事了。」

成城石井是以顧客為優先，而不是以效率、商業利益優先。他們經常被問：為什麼要做這麼麻煩的事情？這樣不是一點效率都沒有嗎？然而，原社長表示，這才是成城石井的用心。

「即便被他人指說沒有效率、不符合時代，但這就是成城石井所堅持的服務。光顧成城石井的顧客，會注意到其中的用心之處。」

包含兼職、打工的工作人員，他們都從不一樣的視角，注意到沒有服務手冊的好。少了服務手冊，工作的難度或許會提高，但正因為如此，工作人員更容易能對自己的工作感到驕傲。

前線的工作，辛苦是當然的，但在高離職率的零售業中，成城石井的離職率不高，連續工作二十、三十年，受到表彰的職員每年都有很多，這樣的公司應該不多吧。原社長這樣說：

「服務是如此，但經營商品也不簡單，我們需要知道每樣商品背後的故事，並且能傳達給顧客。反過來說，正因為能做到這樣，員工們才會對自己感到驕傲。除了自豪自己不是經營隨處可見的商品之外，也有能將商品故事傳達給顧客的愉悅。」

重視工作人員自身的感想

原社長表示，為了瞭解商品的故事，成城石井打造一個環境，以便讓工作人員確實理解商品的價值及其堅持。

比如，每月一次在總公司舉行的部門會議上，安排採購人直接對分店賣場的工作人員簡報說明採購進來的商品。

除了聽聞商品的特徵之外，也會讓工作人員試吃，互相討論要如何才能在賣場上順利傳達給顧客。這個場合，不分正職、打工還是兼職，聚集了許多前線的工作人員。原社長說：

「說明商品的POP海報[3]，並不是寫得愈華麗愈能傳達給顧客。光臨成城石井店裡的時候，可以發現手寫的POP海報，其實，這些大部分是工作人員在部門會議上試吃後寫下的實際感想。」

在POP海報寫上商品的廣告標語，這也不是總公司硬性規定的。原社長表示，即便是試吃同樣的商品，評論也見仁見智。

「正因為這樣，我們才想讓工作人員轉換成自己的話，傳達給顧客知道。因為需要自己講出來，所以員工自然會想要徹底學習商品的知識。就結果來說，員工自己喜歡上商品，喜歡上工作，喜歡上公司，自然會習得傳達給顧客的能力。」

齊備各式獨家商品的商品力和待客服務力，其實是相輔相成。因為有和他人不一樣的商品，所以工作人員需要提高意識，同時服務也會跟著提升。當服務提升以後，員工更能對應多樣的商品。成城石井的工作人員，就是這樣習得能力的。原社長接著說：

「經營隨處可買到的商品，需要商品知識嗎？應該不需要吧。這樣最後只是變成價格競爭而已。但若是經營少數的商品，必須理解其中的知識，配合顧客的需求臨機應變。面對熟悉酒品的顧客和初次飲酒的顧客，待客的方式必須有所不同，提供的建議必須不一樣。若能做到這樣，工作人員自身也會感到驕傲，因為這樣的服務一定能讓顧客感到開心。」

3 Point of Purchase，商業銷售中的一種店頭促銷廣告。

一邊與顧客交談一邊提供商品，讓顧客理解、享受美味的食物。成城石井就是這樣慢慢建立口碑、拓展粉絲。

店的評價不在於營收

成城石井有多麼重視服務等的「基本」，從店家、工作人員「評價制度」可見一斑。原社長說：

「營收經常受到外在因素影響，如附近新建大型超市、有超市倒店，或者新設施建立後，人潮的改變也會有所影響。不少事情不是光靠店家努力就能有所改變。」

那麼，應該針對什麼評價分店的成績呢？那就是包含「基本」的賣場狀況、落實多少總公司的期望。負責評價制度的人事部長、CS[4]推進室室長的千葉文雄先生說：

「各分店的營收、盈利是最終的結果，但成城石井也會針對過程給予評價。因此，為了將過程反映成數字，我們會進行各種調查。」

比如神秘客（Mystery Shopper），日本稱為「覆面調查[5]」，事前沒有通知分店，由外部調查員到店舖調查。調查項目為前面提到的四項基本原則：招呼寒暄、防止缺貨、環境整潔、鮮度管理。這些項目會受到審查，給予分數。

這個調查並不是每個月都進行。成城石井還會由其他各方面來檢測分店。千葉先生說：

「除了顧客滿意度評測的一般調查，還會加上賣場診斷、顧客診斷，從三個角度來檢測分店。所有的分店，顧客滿意度評測每兩個月一次；賣場診斷每半年兩次；檢驗待客服務力的顧客診斷每半年一次。」

顧客滿意度評測的項目有店內打招呼（滿分三十分）、賣場待客（二十分）、收銀台待客（二十分）、服裝儀容（十分）、商品管理（十分）、環境整潔（十分），評價各項目實得分數，合計算出總和分數。

4 Customer Satisfaction：顧客滿意。

5 覆面意為蒙面。也就是隱藏身份調查。

筆者實際看評價表單發現，所有審查、評價的項目都有明確清楚標示，並依照情況打上分數，賣場待客、收銀台待客的項目還有約三百字的總評。「工作人員有一人未將頭髮束起」等，連這些小細節都有記述。因為是突擊調查，所以馬上能夠瞭解店家平時的水準。

再來，賣場診斷分成蔬果、鮮肉、鮮魚、日配食品、配菜、雜貨（調味料、罐頭）、零食、酒品等八項，賣場有無整理？有無雜亂？有無缺貨？鮮度的狀況……？診斷除了分數之外，後面還有詳細的評語。

「顧客滿意度評測、顧客診斷，這兩項外包給專業的神祕客負責。二〇一三年開始落實的賣場診斷，則由主婦顧客的立場給予我們意見。

令人感激的是，主婦顧客的賣場診斷給予我們很高的評價。另外兩項的調查是交由專業神祕客嚴格審查，而賣場診斷則交由一般主婦來負責。我們得到不少讚許，『有這麼好的超市啊！』還聽到這樣的心聲。明明是要找出問題點，這樣的評價真讓人困擾（笑）。」

評價中，落實多少總公司的期望？也轉換成具體的數字。詳細的部分會在第4章說明，每月一百三十件的總部推薦商品、季節推薦商品，店鋪能夠販賣多少？形成了瞭解分店成績的機制。

因為神秘客的評價全是數字，因此能夠將各間店的評分擺在一塊，排行每項基本要素。千葉先生說：

「每週一的經營會議，很多時候都是從上週進行的調查中，某間店的評價如何開始，檢討為什麼數字會有變化，若是出現不好看的數字，應該採取什麼樣的對策。這才是經營階層最關心的問題。」

不是營收，而是這些基本的部分，才是經營上最需注意的地方。

基本上，想做就能確實做到

也許是因為一直以來堅持四項基本原則的緣故，原社長感覺到這數年間，成城石井有著飛躍性的成長。

「過去，成城石井將自己定位在肉品、海鮮、蔬菜的專家，比起待客服務，有些地方更重視商品的知識。然而，自從車站內店等型態多樣的分店出現以後，變得需要全能的待客。從那以後，成城石井督促員工提升商品知識的同時，也比以往更加重視待客服務。」

原社長表示，為了做到這樣，必須先讓工作人員喜歡上自己公司的商品。不這樣做，商品知識和服務是沒有辦法提升的。

「因此，在面試新人的時候，我們會盡可能錄用對成城石井、經營商品有興趣、喜歡美食的人。對原本就感興趣的人，展現成城石井是認真在經營商品，傳達商品真正的好，讓他們更加喜歡成城石井。這樣一來，他們也能學會傳達給顧客的能力。然後，若能再做到好的待客，顧客也就會成為我們的粉絲。這樣的關聯連結，我想是在這十年間形成的。」

不過，不只以營收的結果去評價，而是評價整個過程，這樣的做法容易讓分店產生「雖然沒有達到業績標準，但有努力過了」的消極想法。在知道這危險的情況下，仍選擇這樣做的理由是什麼呢？

「招呼寒暄、防止缺貨、鮮度管理、環境整潔，成城石井秉持著這四項基本原則，就結果來說，這些基本的東西，只要想做，就能夠確實做到。戰略的行動有時需要技術、技巧，但只要貫徹基本，也是能夠做到的。」

這背後有著「做好基本功，結果自然跟著來」的想法。反過來說，只追求結果，反而可能疏於基本。

「零售想要交出業績，最簡單的做法就是擺上便宜的東西，或辦特賣會，這樣便能有不錯的營收，但這只是短期現象。顧客不是追求那樣的成城石井，不久便會失去顧客的信賴，這不是我們所追求的目標。即便有業績產生，卻失去顧客的信賴，那就本末倒置了。」

然後，成城石井瞭解到，愈是基本其實愈加困難。

「理所當然地做到理所當然的事情，是相當困難的事情。儘管這是買賣的基本，但意識到這點的人卻不多。因此，為了能夠確實做好基本，將其數值化來追求，才會顯現它的意義。」

不是偶爾做或是想到才做，而是每天都持續堅持。正因為知道基本其實不容易做好，所以才要下功夫讓自己變得能做到。

「這觀念在本質上是非常重要的，身為領導人必須確實傳達給員工，否則可能會發生以下情況：員工因怕被店長責罵而跟顧客打招呼，但哪天剛好店長休假，使員工產生可以不用做的苟且想法。最重要的事情是什麼？非做不可的事是什麼？這必須讓全部的工作人員都清楚瞭解。」

因此，經營會議上，這個常作為最初的議題，在經營方針說明會上，社長也親自強調。原社長這樣斷言：

「成城石井的經營管理中，優先順序最高的就是四項基本原則。只要這四項基本原則沒有做到，不論結果如何，都不會有好評價。實際上，交出好結果的分店，四項基本原則的分數絕對都不低，兩者間是有所關聯的。若能做到基本，店舖間的合作、組織能力也會提升。」

貫徹基本，是全公司共同的課題，而且這也和評價有很大的關聯。成城石井貫徹著這個方針。

繁忙時期，總部的工作人員會前往店鋪支援

在本章的一開始有提到前線主義，成城石井在這方面的方針也是首尾一貫，明確總部的立場。原社長說：

「一般人會認為零售業的生態，是總部很偉大、採購人很偉大，容易演變成前線反應『採購人進貨這樣的東西，怎麼可能賣得出去。』總部反駁『這麼好的商品怎麼會賣不出去，根本是前線怠惰推托之詞。』為了不讓前線與總部產生這種矛盾，在成城石井，總部的人必須經常到前線。」

總部的人並不是去視察，而是幫忙工作。當人手不足的時候，總部的人穿上工作圍裙，站在前線幫忙，這在成城石井並不是什麼稀奇事。在節分祭、情人節、女兒節等各種節日，總部必須減少會議，前往前線支援。成城石井形成了這樣的工作環境。

「情人節的時候，點心的採購人絕對不會待在總部，肯定會到前線支援。這樣能夠產生一體感，營運同一間超市，總部和店鋪是一體同心。

在繁忙時期，只有店鋪在流汗忙碌，而總部只是開個會議而已，這怎麼想都不合理吧。遇到大型節日時，總部也會盡全力支援分店。這樣的工作氣氛，成城石井已行之有年。」

遇到各大節日，總部會變得空蕩蕩的。其實，原社長本身也經常到前線幫忙，這不是什麼稀奇事。穿上工作圍裙向顧客打招呼、和年輕工作人員一起上架商品、整理購物籃、和顧客討論商品、回答顧客的問題等，這些社長都會幫忙。

當然，社長最近的工作變得忙碌，沒有再到前線支援，但採購人、經理等管理職都樂於到前線幫忙。

「因此，總部的工作人員也需要接受服務研修、收銀研修。反過來說，若不知道前線的事情，沒有辦法支援工作，也無法給出指示。比方說，因為知道前線的情況，總部的人會盡量避免在店鋪最忙碌的時刻撥打電話。

令人意外的是，店長最忙的時候是在上午時段。店長必須在中午十二點以前，完成隔天商品訂貨，在這個時段打電話給店長，必須是非常緊急的聯絡。

「當組織變得愈大，愈容易被淡忘這種感覺。所以，到前線支援的意義很大，總部和店鋪的溝通完全不同。當然，也會收到顧客的指責與建議，這對總部的業務也有幫助。採購人很少有機會直接聽到來自顧客的嚴厲意見，所以我們一定會讓優秀的採購人到前線幫忙。有時候不用我們指派，也有些人會擅自到前線幫忙（笑）。」

店家的問題跟顧客沒有關係

大型的店家、公司有難以靈活應變的地方。顧客及相關人士多、商品的數目多、處理的金額也大，沒有辦法迅速應對細微的部分也是無可奈何的。

比如，首都圈碰到大雪，一般零售的物流會因而麻痺。這其實有兩個理由在，其一，運貨車因大雪而無法動彈；其二，平時的流程產生混亂，發票的處理會突然變得複雜，所以物流中心需要暫停貨物進來。應該送達的所有商品沒有進到物流中心，只有等待物流機能回復。

「這不是物流本身有問題，而是因公司的問題而停止物流。但是，顧客仍然需要購買商品，縱使處理程序變得複雜，也應以將商品送到顧客的手上為優先，然而，複雜的連鎖經營無力達成。成城石井的情況較為簡單，會用盡各種辦法也要將商品送達。發票處理之類的，延後處理就可以了，總之以將商品送到顧客手上為優先。顧客在等商品，這是清楚明瞭的事情。」

一百一十二間店的成城石井，也是採取連鎖經營。然而，原社長表示，他們並不固守於系統。

「超市不可沒有牛奶，這是我們的思維。我們也曾發生配送網停止，應該送到物流中心的所有商品皆未送達的情形。但是，成城石井不會等到所有商品送達，也不會停止配送分店，即便只有一半送達，也都先出貨。」

遇到緊急情況，有可能陷入商品不足的情形時，這時他們會從附近的分店調貨到別間分店。分店間互相支援這個機制本來就存在於成城石井。

「我想這也是成城石井的強項，從以前便存在這樣的文化，絕對要避免缺貨的情形。」

分店間不是競爭對手嗎？不用顧慮自家的營收嗎？原社長明確地回答：

「公司、店家的問題跟顧客沒有關係，不應讓顧客去承擔結果。」

「實際上，比起花費時間勞力調貨，直接讓商品缺貨，營收稍微降低，這樣或許對公司比較有利。但是，成城石井不認同這個做法。」

雖然運送來的商品全部賣完，但考量到其間衍生的費用，的確難以說是獲利。

「即便如此，我們還是選擇調貨。我們的目的不同，我們不是為了獲利才調貨，而是因為顧客需要所以才調貨。這就是成城石井的思維。」

然而，就結果來說，這樣的做法反而得到正面回饋。成城石井相信，以客為先的態度一定可以傳達出去。

「所以，我們才會繼續這樣堅持，徹底堅持四項基本原則。雖然說牛奶一天缺貨，或許不會造成營收下降。但是，『成城石井總是有賣牛奶』，讓顧客有這樣的感覺是很重要的。『那邊總是有販售話題商品耶』、『天冷的時候，有我想吃的東西耶』……。信賴關係就是從這些地方產生的。」

這些信賴關係的累積，塑造了成城石井。

「我們還有需要改進的地方。熱門商品不只有牛奶，豆腐、雞蛋也是一樣，若沒有這些基本食品，顧客該怎麼辦？我們總是抱持著這樣的危機感。這並不是獲利不獲利的問題。」

服務也一樣，服務本身並不是目的，到底只是為了回應顧客的期待。這裡也完全沒有偏離「基本」。

第3章
種類多樣的商品是如何做到的？

「強大的採購能力和中央廚房」

韓式泡菜

成城石井的堅持商品③

攤開白菜葉，一片一片抹上鹽，靜置一晚，去除多餘的水份。一般會先將白菜切開再抹上鹽，但這樣白菜的甜味會從切口處流失，所以成城石井堅持不先切開，以人手一株一株抹上鹽。從沖洗鹽分、抹上韓式辣醬、醃漬、切塊到包裝，全都不仰賴機器，所有過程皆是手工作業。「不是只有辣而已，味道的層次不同」、「配啤酒、配飯都好吃」等，得到各方好評。在電視節目介紹的時候，「我想要吃吃看這個」、「這應肯定會大賣」、「錄影完後，我就要去買回家吃」等，大家說出各自的感想。

「成城石井一定有賣」的期待

走在潮流尖端的人們，會在部落格、Twitter、雜誌上，發現自己感興趣的話題商品。

這個時候，很多人會想：「哪裡有賣呢？」而最先找的地方，就是成城石井。他們抱著期待「總之去成城石井看看，應該會有」。

其實，除了店面之外，也經常接到媒體的詢問，像是「現在有販售這個商品嗎？」「銷路如何？」這是因為成城石井總是非常快地跟上潮流。

說到最近的例子，那就是椰子。以椰子水為首，店裡也販售椰子牛奶、椰子油、椰子零嘴等，使用椰子油的泰國咖哩也是熱門商品。

「重視美容和健康的藝人們都愛使用椰子相關產品」，由於媒體推波助瀾，使椰子一躍成為話題商品，受到大眾注目。原社長說：

「為什麼美國的大藝術家、好萊塢明星年過五十仍看起來那麼年輕？她們飲食椰子

話題商品「有機椰子油」，銷路佳，常賣到缺貨。

一事蔚為話題。」

從以前開始，成城石井的採購人就能感受潮流的預兆。四、五年前開始成為熱潮的楓糖也是，成城石井在更早之前便抓住了楓糖趨勢。為什麼能做到這樣呢？原社長繼續說：

「在世界各地持續尋找不為人知的優質商品，是成城石井採購人的工作。商品的認知度提高，人氣竄紅的時候，店裡大多早已擺上該商品了。一邊走訪世界各地，一邊提早預知顧客的趨勢，將這趨勢傳回日本，這就是採購人的任務。」

在成城石井總公司的採購人約有二十人，各自負責不同的範疇，每個月都有人在世界各地巡迴，前往食品展、走訪商場及餐飲店、遊逛市場。

「為了將真正美味的東西送到顧客手裡，成城石井該怎麼做？採購人是一直思索這個問題的一群人。」

採購人關注的不僅限於新商品，比如像巧克力這樣正統的食品，口味也會跟著潮流不斷變化。

「只要走訪生產國，就能夠掌握這方面的情報，如接下來流行較苦、可可含量高的巧克力等。紅茶也有它的商品趨勢，如流行苦澀口味等。此外，說到紅茶，英國有稱為調茶師（Tea Blender）的優秀專家，和這些專家交流，便能夠入手最新的情報。」

若只是交由輸入業者、批發商，一成不變地上架商品，並沒有辦法掌握趨勢。正因為擁有自己的貿易公司、採購人走訪世界各地，成城石井才有辦法走在時代前端，掌握細微的變化與趨勢。

「店裡還是有部份農協、批發商的商品。至於產地直銷的蔬菜，是採購人親自巡迴日本國內，直接向農家進貨，從以前開始就不透過農協、批發商。採購人親自拜訪，試吃產品，再簽下契約。」

不透過批發商的系統，能夠進貨到有魅力的商品，但處理過程比較麻煩。

「直接和大型批發商採購，可以一次買齊商品。然而，成城石井是和每家農家交流，會當面見到生產者。」

雖然有機栽培的蔬菜受到歡迎，但一位生產者難以供給全部的需求，而且，隨著季節的不同，能夠入手的農產品也不一樣。而和全國農家往來的成城石井，能將產地和季節錯開，實現農產品的安定供給。成城石井一邊縱斷日本列島，一邊買進有機蔬菜。

能夠做到這樣，是不透過批發商，和龐大數量的農家直接交易，不惜花費勞力、時間的成果。

不用供給所有分店也沒關係

那麼，為什麼生產者會從眾多零售業者當中，選擇和成城石井合作呢？除了產地直銷之外，成城石井經營的商品很多都是稀少的東西。曾經有生產者、製造商表示，因為是成城石井，所以才願意將商品交由成城石井上架販售，若不是成城石井而是一般零售業者，那他們寧可選擇批發商就好。

特別是農作物等，對生產者來說，和批發商合作好處比較多。原社長說：

「和成城石井合作的生產者，都是對自己的產品有著相當的堅持。然而，生產者的堅持，進貨一方未必能給予正確的評價。若每天澆水、勤懇培養農作物的人，和兩天澆一次水的人，兩者買進的價格和評價皆相同，這很容易會使生產者失去熱情。」

然而，成城石井的採購人，正是重視生產者的這份堅持，想要知道能向顧客分享的背後故事。

「其實，很多生產者都希望將自己的堅持確實傳達給顧客知道，希望自己的產品能在像成城石井的店家得到評價。」

而且，成城石井並不是以廉價取勝的超市，確實傳達產品的好，維持其價值，以生產者能接受的適當價格販售。

還有一點很重要，成城石井不會勉強生產者。

比如，他們不會說，若無法供給全部一百一十二間分店，就不交易合作。生產者只需出貨他們能做到、能夠接受的數量，在一部分的分店販售就可以了。

「一定時間內能出貨所有分店才合作，這是連鎖經營的基本思維。但成城石井不一樣，認為能供給一部分的分店、出貨能做出的量、能提供這期的貨就可以。這樣才能進貨真正的好東西。」

這樣的做法既沒效率又花費時間、勞力，然而，成城石井的訂貨機制是不以效率為優先，而是以能否提供顧客美味的東西為優先。

「因為這樣，也有生產者表示，若沒有出產好產品，該年的交易就取消。即便是這樣，我們也接受。我們不會因為去年賣得這麼好，便強求今年也請快點出貨。上架自己無法接受的產品，有違生產者的驕傲，我們也不想做這樣的事情。我們會表示，明年有生產出好產品的時候，請一定要出貨給我們。」

成城石井會盡可能不給小產地負擔，而且，進的貨全部都會賣完，不會有退貨的情形。一開始先少量合作，信賴關係建立起來後，再擴大合作的數量。

「令人感激的是，不久之後，生產者開始會介紹其他生產者給我們認識。好的生產者會招來好的生產者，成城石井就是這樣擴大與好生產者的相遇。」

花費兩年才說服的生產者

說到大公司零售業的採購人，給人好像有著很大權限的印象，甚至對交易對象妄自尊大。但是，成城石井完全不是這回事。原社長說：

「我們一定會請對方讓我試吃產品，雙方都覺得可以才談合作。不如說，採購人的立場，其實是低下頭請求生產者出貨給成城石井。」

國內的合作是如此，國外的合作更是顯著。最近，成城石井的名字也在國外傳開，但過去根本沒有人知道這間店，在某些商品範疇中，至今仍然沒有知名度。

「所以，採購人才需要拚命低下頭，拜託對方讓我們進貨產品。」

海外合作的場合，直接讓對方看成城石井店內的照片是最有效的手段。成城石井經營著什麼樣的商品？從國外進口什麼樣的商品？用照片說明便一目瞭然。

「看過照片後，生產者的眼神就變了。『喔喔，有這種酒品……』、『有賣這種橄欖油啊……』、『連這種生火腿都有……』驚訝不斷。而且，在這樣小小的一間店裡，光是乳酪就有洗皮乳酪[6]（Washed Rind Cheese）、白黴乳酪（White Rind Cheese）、新鮮乳酪[7]（Fresh Cheese）、硬質乳酪（Hrad Cheese）等，有世界上的各種乳酪。對有著

6 又稱洗浸乳酪。
7 又稱白乳酪。

許多大型店的海外而言，好像難以想像如此小間店裡有著這麼齊全的商品。『這間店到底是什麼樣的店啊！』我們經常被這麼說。」

世界一流的製造商，並不是肯出錢就都願意出貨商品。許多廠商希望賣給知道、理解商品的價值，認同自己的客戶。

然後，一間店的購買實力可從架上的商品判斷。「日本的零售店竟然有和那間製造商合作啊！」對方感到相當驚訝。但是，這樣並不表示對方便會簡單接受合作的提案。

「今日，店裡稱為帕米吉安諾・雷吉安諾[8]（Parmigiano Reggiano）的熱門乳酪，真的是相當美味的乳酪，但採購人從最初訪問到合作成功，前後大約花了兩年的時間。由此可見，進口世界上真正美味的食品，是相當困難的事情。」

然而，只要建立起信賴關係，第二次接洽就能順利進行。被對方認定為好的合作人後，『這家製造商口碑很不錯呢。』生產者會介紹全球等級的一流製造商，這樣的情形還不少。

對生產者來說，成城石井是日本的重要指標，能夠和成城石井合作，也就表示通過他們採購人嚴格的篩選。成城石井本身變成是一種品牌。

實際上，也有個案是：一開始和成城石井合作，後來和其他大型零售業合作，結果和成城石井的交易減少或取消。

「生產的擴大，生產者有時也會跟著改變。若是我們所追求的堅持消失，作為成城石井，我們會選擇不繼續合作。因為這樣會沒有辦法回應顧客的期待。」

若品質下降，成城石井便不再繼續合作。實際上真的有這樣的個案。成城石井就是這樣嚴苛地篩選進貨的商品。

採購人絕對不能受品牌左右

採購人每次海外出差，都需要新開拓二、三間新公司，一年下來就有二十至三十間。

不論是國外還是國內，採購人出差回來後，必須召開報告會。在會議中，給予產品

8 又稱帕馬森乳酪。

優先順序。

「採購人推薦的商品，會分別評價『S、A、B、C』四種等級，決定要從那裡進貨商品。若認為這個潮流現在還太早，就會將該產品延後討論。若認為潮流好像馬上就會來，商品優先順序便會提高。」

接下來，會在一個月的時間之內，準備好樣品，決定出大約的價格與販售日期，作業流程相當迅速。另一方面，成城石井也會前往工廠視察，以確認原材料、製造狀況，把關所有細節。

當然，成城石井也不是一直都能抓到潮流，雖然經常挑戰新事物，但也有失敗的時候，比如時機過早的失敗。

「煙燻馬蘇里拉乳酪的史坎莫札乳酪，最近終於逐漸嶄露頭角，稍微烤一下就非常美味，成為當今熱門商品，但成城石井五年前就已經有販售這種乳酪。那個時候，販賣的時機有些過早，銷路非常差。」

趨勢，必須從世界的大潮流中讀取。當消費者下意識認為「想要這個商品」的時候，時機還有些過早，屬於還「差一步」的階段，想要跟進潮流，在「差半步」的階段進場最剛好。

「只是，這個時機的判斷非常困難。比如Farro小麥現在會使用在生菜沙拉等料理上，開始出現人氣。這個商品也是，我們早在數十年前就開始經營了，後來一點一點地持續經營，終於和時代的潮流接軌，最近的銷路變得不錯。」

令人感興趣的，是採購人絕對不能受品牌左右這點。不論品牌有多好的評價，採購人都必須親自試吃，和生產者深談，再進行判斷。使用什麼樣的原料？以什麼方式製作？怎麼樣成熟、發酵、殺菌、清洗？怎麼樣篩選商品？怎麼樣包裝……？採購人還要仔細確認產品背後的故事。

「品牌是否有名？這不是我們關心的重點。實際上也有過去的知名品牌不再手工製作，改以機器生產後失去了原有的價值。所以，我們不會有『因是有名的品牌而販售』這樣的事。成城石井賣的不是品牌，而是製作過程的堅持及產品背後的故事。」

因為這樣慎重選擇商品，所以店裡也不會輕忽處理。有所堅持的日本酒賣場，冷藏室上方的螢光燈一定會關掉，螢光燈的紫外線會破壞酒的品質。聽說有生產者看到這樣賣場後，表示：「還好不是把我們家的日本酒賣到開著燈光的店家。」

「店舖經常進行革新，我們抱著不能固守著過去成功經驗的危機感。所以，負責選擇商品的採購人責任重大。」

不會強迫推銷自有品牌

還有一個採購人活躍的地方，那就是成城石井原創的「自有品牌商品」。所謂的自有品牌，是依照零售業與賣場自己的希望，請生產者製作的商品。真的就是自家品牌的商品。

「成城石井在世界各地尋求有所堅持的好商品，但也會碰到找不到滿意商品的時候。這樣的話，我們自己來做如何？原創商品就是這想法下的產物。」

原創商品，包括舶來品、自家製品，全部約有兩千三百項至兩千五百項的商品，如味噌、橙醋、牛奶、泡菜、果醬……等。在自有品牌上，成城石井和其他的零售業有著完全不一樣的地方，那就是絕對不過度推銷。

實際上，幾乎所有零售業的自有品牌，都會在包裝前面印上自家的企業標誌，擺在店裡顯眼的位置。因為是自家開發的商品，獲得的利潤比較高。然而，成城石井的原創商品上，雖然也印有「成城石井」，但標誌小且不明顯。在店裡，原創商品大多是放在同類商品的旁邊。

有些顧客沒有注意到那是成城石井的原創商品，以為是成城石井嚴選的品牌而購買，甚至有些顧客連成城石井有自有品牌都不知道（筆者就是其中一位）。原社長說：

「我們不希望強迫推銷自有品牌。買東西的樂趣之一，就在於挑選商品。我們希望將這樂趣保留在店裡。以草莓醬為例，選國產草莓的好呢？還是選「あまおう[9]」草莓的好呢？或是低糖度的好呢？抑或是高糖度的好呢？顧客的喜好各有不同，沒有正確答案。重要的是，不論顧客選擇哪種商品，都要是高品質的商品。」

仔細比較味道，最後選擇成城石井的原創商品，對他們來說，這是令人驕傲的事。不必特別宣傳，而是讓顧客自行比較嘗試，顧客不知不覺中喜歡上成城石井的原創商

9 日本福岡縣登入的草莓品種，取「あ」かい（鮮紅）、「ま」るい（圓實）、「お」おきい（大顆）、「う」まい（甜美）的字首作為商標。

原創商品和其他商品陳列在一起（照片中的正中間是原創商品），重要的是，提供顧客「挑選的樂趣」。

品，這樣就夠了。這些原創商品都是貫徹成城石井一貫「對商品的堅持」態度，而製作出來的優質產品。

不使用砂糖的果醬

原創商品中，一定要介紹的是果醬。賣場裡放置有三十幾種不同的果醬，種類真的很豐富，而原創商品中，還有「不使用砂糖」、甜度高達四十五度的果醬。

一般果醬的製作方式，是加入大量砂糖，和水果熬煮製成。明明應該是這樣，成城石井卻不使用砂糖，顛覆果醬的常識。而且，原本沒有加入砂糖，甜味應該不足才對，但成城石井原創商品的果醬，甜度竟然高達四十五度。

「果醬這種商品，若想要便宜做，要多便宜都能做得出來，只要加入大量砂糖就可以。因為是必須長時間保存的加工食品，所以添加砂糖也不會被認為是壞事。這樣一來，就可以用砂糖做出又甜又便宜的果醬。」

也就是說，便宜的果醬水果含量少。據說標籤上，原料從砂糖開始標示，大部份都是這樣製成的果醬。

「標籤上最先標示的是使用最多的材料。最先標示砂糖的果醬，說難聽點，是幾乎沒有水果，只能吃到砂糖的食品。另一方面，也有不少人在意果醬的甜度，因為身體的狀況，選擇糖度更低，也就是不使用砂糖的果醬。」

「然而，不加入砂糖，僅以水果製作，難以出現甜度。奢侈地使用水果，又要保持甜度，這是非常困難的技術。」

然而，使用這個困難技術製作的果醬，就是「不使用砂糖」甜度四十五度的成城石井All Fruit Style。這個也是貫徹堅持下的產物，所以瞭解其中價值的人，「這真是厲害」、「這樣價格真的很便宜」等，反而會這麼說。實際上，這和加入大量砂糖製作的果醬，味道完全不同，真的非常美味。

「因為不使用砂糖卻要出現甜味，製作的過程相當繁瑣，製造廠也感到為難，但還是請他們努力製作。」

成城石井希望建立顧客能依自己喜好選擇果醬的賣場，其背後蘊藏著城石井的體

不使用砂糖的「成城石井All Fruit Style」

貼。在其他的賣場，雖然果醬的品項也很豐富，但其實都是大同小異的類似商品，但成城石井的賣場不同，擺放的是當場聽了顧客的需求，能馬上給予明確建議的果醬。

「商品種類能夠滿足無數顧客細微需求的店家，我想幾乎沒有吧。即便店裡有很多種類，也多是販售添加大量砂糖的便宜果醬，這樣是無法回應不同的需求。除了價格之外，也注重品質的顧客，成城石井想要認真面對這樣的顧客。」

在歐洲地區，販售全水果的果醬類製品相當普遍。

「現在，法國的ST.DALFOUR果醬大受歡迎。下次我們想要調整成日本風，減少糖度、改變原料、增加果汁成分、增加果粒含量，生產符合日本人口味的果醬。」

維持著歐風口味和調整成日本風的原創商品，能夠同時是做到這兩者，這也是成城石井的強項。葡萄酒也是，除了當地販售的酒品之外，也有當地釀造家和成城石井合作生產的酒品等，店裡的酒品種類繁多。

過去從事過採購人的原社長表示，在食物潮流迅速變化的今日，要他重拾採購人的工作，困難度非常高，採購人其實是相當困難的工作。

製造商不願生產，只好自己製作

「世界上沒有、無法進到貨的商品，我們就自己來製作！」和自有品牌同樣想法下產生的，就是成城石井的配菜。

超市的配菜通常都是外包給食品工廠等生產，但成城石井在還只有一間店舖的時候，便開始製作自家原創的配菜。原社長說：

「想要提供顧客真正美味、優質的東西，由這想法衍生出來的，就是配菜。我們想要提供顧客美味的燒賣、香腸、便當等。成城石井在這方面也有所堅持，比如原料絕對不使用合成色素、防腐劑等添加品。然而，這樣的食品沒有任何地方有販售。請求工廠製作，也因為不符成本、過於麻煩等理由，沒有廠商願意承接。所以，我們只好自己來製作。」

一開始是將成城店製作的配菜配送給周邊的分店，但隨著分店數目的增加，成城店的廚房到達極限。而這邊登場的，就是中央廚房。那是一九九六年的事情，當時成城石井還僅有數間店舖，但他們斥資建設了製作配菜的工廠「中央廚房」。

「成城石井所有的機制都不是為了獲利，而是思考著要如何做能讓顧客感到高興，才形成這些機制。」

到店裡頭看一下配菜賣場便可發現，菜色和其他超市或便利商店的完全不同，多是在自家公司企劃、開發、製造的配菜，菜色也非常正統。

平時架上會有燒賣、馬鈴薯沙拉等常見的配菜，依照季節不同，配菜也會有許多變化，比如二月的店裡頭會有「綠花椰菜蝦鬆塔塔沙拉」、「春高麗菜和五月皇后馬鈴薯的韓式辣炒雞排」、「蘆筍茄子香辣茄醬通心粉」、「黑毛和牛佐野菜韓式拌雜菜」、「韓式豆腐鍋米粉佐春高麗菜和五花肉」、「椰奶泰式紅咖哩佐帶頭蝦」……等。這些是在其他超市、便利商店難以看到的正統料理。原社長說：

「比如，麻婆豆腐是加入花椒的正統中華麻婆豆腐。第一次品嘗的人會感到非常驚訝：『這是超市的配菜！』當然，每個人喜歡的口味不同，但我們重視的，是不添加多餘添加物、對食材的堅持以及菜餚正統，換言之，不是追求大眾口味，如越南河粉中加入大量的芫荽等。每道菜餚都是手工製作、花費工夫的商品。」

擁有一流廚師料理的中央廚房

成城石井的自家工廠「中央廚房」位於東京都町田室，專門製作配菜、火腿、香腸、麵包、糕點等，總工作人員約有四百人。

生產的配菜、加工食品逾兩百種。從中央廚房生產的商品，會直接用專送的運貨車運往全國一百一十二間分店。

不過話說回來，為什麼成城石井能夠製作出正統的菜餚呢？身兼中央廚房最高負責人和常務執行職員製作總部總部長的小川學先生答道：

「那是因為成城石井菜餚是出自專業廚師之手。」

曾任職於一流飯店、一流餐廳或日本料理店的專業廚師，他們所製作的菜餚，就是成城石井的配菜。

其中，有些廚師的手腕是可以自己開店的等級。不過，為什麼這樣的專業人士會在超市的食品工廠工作？

「其中一個原因是，零售業有著和餐飲業不同的魅力。若是自己經營餐廳，一天最多就一百位顧客。然而，在成城石井賣出的數量規模完全不一樣，例如人氣商品椰奶泰式紅咖哩佐帶頭蝦，一天可以賣出一千七百份；真羊腸灌製的豬肉維也納香腸，一天可以賣出四千包；摻入葡萄乾的優質乳酪蛋糕，一天可以賣出四千條。」

也就是說，在成城石井，他們能夠以普通單間餐廳不可能有的規模，提供美食給顧客。

「然後還有另一個原因是，能夠使用優質的材料。在成城石井，有很多有所堅持的食材，而且能夠利用零售業的規模優勢，以比單間店更便宜的價格進貨食材。使用優質的原材料，以合理的價格販售，對廚師來說，這有著非常大的魅力。」

一流的廚師，像這樣相互切磋開發，成為擺在成城石井店裡的配菜。

配菜基本上都是帶回家享用。因此，成城石井的調味重視「家庭的味道」，經由專業技術的調理。

一天用手剝皮兩千五百顆馬鈴薯

筆者參觀了中央廚房內部，裡面的衛生管理極為嚴格。當被問鞋子大小的時候，筆者還滿是疑惑，原來是要將訪客用的拖鞋換成內部參觀用的鞋子。然後，他們拿給我一件從腳包覆全身的白色連身工作服。穿上這件衣服後，套上網帽固定頭髮，接著再將衣服上的連帽將頭整個包覆起來，最後戴上面具。

手指一根根地用消毒水仔細清洗，再用清潔滾輪黏掉身上每個角落的灰塵，還不止如此，入口的門打開，進入長寬高各約三公尺的小房間，左右兩邊牆壁上有許多小孔洞噴出強風，吹掉黏在身上的東西。這些過程都結束後，才終於能進去中央廚房。

廚房裡頭擺放了許多大型調理器具，小川部長為我引導說明。令人驚訝的是，過程幾乎全是手工製作。小川部長說：

「不影響味道、可以追求效率的部分會交由機器代勞，但我們盡可能手工製作，這邊幾乎不依靠大型機器自動化。許多參觀過我們廚房的人都感到相當驚訝，但我們真的不怎麼依靠機器。我們認為手工製作的品質比較高。」

筆者實際參觀菜餚的調理過程。十幾個大鍋的其中一鍋正在料理韓式拌雜菜，揮舞鍋鏟狀調理器具的是開發菜單的廚師本人。菜餚真的是手工製作。

「我們基本上是少量多樣生產，所以使用大型機器製作，反而會增加成本。而且，我們的菜單也一直在變化。」

不是生產放入大型機器便能大量烹煮的菜餚，而是為了做出理想的菜餚，即便效率差，也選擇不依賴機器。總是能推出新菜色的成城石井配菜賣場，就是靠這個機制實現。

「雖然也有使用機器生產的菜餚，但並不是機器一生產完後便馬上包裝。以香腸為例，肉的填充作業交由機器代勞，但將香腸放進煙燻室的煙燻作業，是經由人工進行，裝袋的步驟也是手工作業。」

成城石井不依靠機器還有另外一個理由，那就是對味道的堅持。比如馬鈴薯沙拉的製作工程，馬鈴薯是採取人工剝削皮。

「我們也有便利的機器，只要放入大量的馬鈴薯在裡面滾動，接觸到內側如刨刀的削皮刀，機器就會自動把皮削掉，接著蒸煮削完皮的馬鈴薯，碾成泥做成馬鈴薯沙拉。就大量生產而言，這種一氣呵成的作業方式快速又方便，很多地方的馬鈴薯沙拉都是採取這種方式生產。但是，成城石井不這樣做。」

成城石井是先蒸煮馬鈴薯，等馬鈴薯熟軟後，再一個個手工剝皮。

「馬鈴薯最美味的地方就在皮的正下方，若使用機器削皮，會連這部分都一起削

不使用機器、手工剝皮的馬鈴薯沙拉，馬鈴薯味道的濃厚備受好評。

去，味道會有所不同。」

馬鈴薯沙拉是熱門的基本商品，據說他們一天要徒手剝皮五百至六百公斤、約兩千五百顆的馬鈴薯。

「大家排成一排，將馬鈴薯剝皮。這道馬鈴薯沙拉，原本是一流飯店廚師的料理。」

馬鈴薯沙拉僅是其中一個例子，各式各樣的商品都是飽含著堅持與工夫。

「受到好評的優質乳酪蛋糕也是，為了摻入葡萄乾而不使用機器生產，只能用手工摻入。為了提供美味優質的產品給顧客，我們做到這種程度。開發者的靈魂想要做出好產品，對成城石井來說，這就是一切。」

下了這麼多功夫的商品，若顧客知曉其背後的故事，能得到許多人的支持也是理所當然的。

持續推出新菜色，比市場調查有意義

除了馬鈴薯沙拉、燒賣等基本商品之外，店裡架上的配菜會隨著季節變化。一般人會認為，如果能熱賣，繼續販售不就好了？但配菜的世界可不是這麼單純。

「菜色一定會有退流行的時候。以日本和食為例，熱銷商品會隨著季節改變。中華菜單也是，除了燒賣幾乎是全年熱銷之外，第三名以下的菜單，基本上都會有交替變化。西式餐點也有交替變化的情形，馬鈴薯沙拉大概是在第五名的位置。不管是哪類型的菜餚，都會不斷交替變化。」

若沒有推出新產品，銷路會逐漸變得遲緩，這是非常嚴苛的世界。若不經常推出新菜色，顧客馬上就會覺得吃膩了。但是，成城石井的配菜持續維持好評，顯現新商品的高開發力，這不是能簡單做到的事情。

開發新菜色的討論會，每個月有四次，也就是幾乎是每週舉行一次。

「各負責人事前聽聞當季食材、進口食材等成城石井得意的食材，以及有採購價值的食材，以這些商品為基礎，思索新點子。討論會所提出的菜餚，不一定都能獲得高評價，也有反覆改善再販售的菜餚。然而，若販售四次還是沒獲得好評，該點子就可能被淘汰。」

食譜的開發者約有二十人，每個月約可產生三十個點子，一年下來約有三百五十個新點子，幾乎是每天一個新點子，非常快的節奏。

大熱賣帶來的衝擊性也大，開發者可以拿到獎金。就結果來說，實際的銷售數字，可以大幅提升開發者的動機。

「分成不同部門，激發競爭意識。即使我們自己認為美味，但只要顧客購買的數量沒有提高，就沒有意義，很嚴苛的世界。」

而且，飲食也會受到潮流的影響。前面提到的椰子，其實過去也嘗試好幾次，當時不怎麼順利，然而，椰子熱潮一來，馬上變得大受歡迎。

前面介紹的「椰奶泰式紅咖哩佐帶頭蝦」，在一般社團法人新日本超級市場協會主辦的「超級市場便當、配菜大賞二〇一四」中，漂亮獲選丼部門的大賞。

這個獎還有一個，「北海道蝦濃厚南瓜布丁」也獲獎糕點部門的大賞。這點心也變得大受歡迎。成城石井過去還有其他許多獲獎紀錄。

「不可思議的是，也有絕對不賣的商品。甜點中，巧克力系列的商品總是無法熱銷，屢試不爽。」

順便一提，成城石井完全沒有進行市場調查之類的調查。

「那意義不大。市場調查能夠知道的，只有消費者現在『想要、不想要』的判斷而已。接下來想要什麼樣的商品？從裡面看不出來。」

今日，成城石井一流的料理廚師，仍每天為商品開發奮鬥，持續推出新菜色。

以「擺五小時仍舊美味」為前提製作

從眾多點子中嚴選成城石井的配菜菜色，最終給予許可的是社長，原社長沒有同意，便不會擺到店裡頭。他說：

「『味道還可以』、『超美味！我覺得這個不吃不行』，商品開發困難的地方在於，每個人的口味愛好不同。但是，最後還是必須要有人做決定。因此，我來試吃全部的菜餚，扛下這份責任。以多數決沒有什麼效益，需要有決定『這是成城石井的味道』的人，必須要有人執行這件事才行。」

聽說，這個標準非常嚴格。在檢討會上，甚至有出現過半數的菜餚都不被同意的情形。原社長繼續說：

「困難的地方在於，不是提供顧客剛做好的菜餚。超市配菜追求的，是經過五個小時、十個小時仍然美味這點。」

原社長表示，開發商品並不是擺到店裡頭就沒事了。

「擺到店裡頭後，還要確認菜餚外觀、味道的變化。試吃放置一段時間的菜餚，有時會發現量產後的味道有所改變。多加一些鹽、改變外觀裝飾、多加一點醬汁等，我們會不斷進行改進。」

成城石井做到這種程度。另外還有一點，在開發上，他們非常堅持維持高級感。成城石井追求的不是價格便宜，而是要讓顧客品嘗專業的料理。

「當然，成本考量也很重要，但若是過於拘泥於成本，難有大膽新穎的點子，想法受到限制。所以，我們一開始會天馬行空地思索理想的菜餚，降低成本是之後的事情，這樣才能生產出好東西。」

菜單的開發是從負責人的視點來發想，負責人親自品嘗、決斷。這也是成城石井中央廚房的一大特徵。

「最後由誰來負責？我想這是開發的生命線。既然產品是擺放在成城石井，那就不能偏離這個主軸，絕對不能。一旦偏離主軸，便是背叛了信賴我們而購買商品的顧客。為了守護這份信賴，原則比什麼都要重要。若沒有原則，『因為想要營收，所以……』、『因為毛利，所以……』、『因為沒有A原料，所以使用B原料代替』等，很可能發生這些情形。從原材料開始徹底堅持，絕不妥協。若是怎麼樣都有必須捨棄原則的地方，那就淘汰該項商品。」

負責人是否貫徹原則？從工作人員的努力可見一斑。

「樣品回收了好幾次，想說已經努力過了，便將產品上架，所有的信賴都會崩毀。所有事情都必須站在顧客的立場來判斷，以怎麼做顧客會感到滿意來決定事情。」

會想讓自己的家人、孩子食用嗎？

中央廚房對製作配菜的堅持，並不只限於味道而已，成城石井也致力於食品的安心、安全。

現代社會非常關心食安問題。成城石井從很早以前就堅持食品的安心安全。成城石井建立中央廚房的理由之一，就是因為找不到工廠符合成城石井嚴格的食安基準，「盡可能不使用添加物、化學調味料」。原社長說：

「吃的安心，是現代的潮流。我想沒有人不想要安心、安全的食物。但是否真的做到食安？這才是關鍵問題。」

比如，為了延長保存期限，添加防腐劑；為了看起來更加鮮艷，使用了人工色素。一旦迷失了自己的堅持，就有可能染指這些事情。

「想法愈多愈好，例如女兒節的粉紅色散壽司。有人認為將不自然的粉紅色加入女兒節的食材中，看起來會比較華麗；也有人認為要給自己的孩子吃，粉紅色不夠鮮豔也沒關係，使用天然的著色劑比較好。」

原社長表示，兩者的價值判斷不是重點，重要的是能夠做出選擇。若選擇了其中一邊，成城石井就要盡力做到完美，成為滿足這選擇的存在。

「散壽司中放入漂亮的粉紅色看起來比較華麗的想法，和覺得這是添加人工色素而不想給孩子吃的想法，我們會選擇後者。因為我們也想讓自己的孩子吃得安心、安全。」

成城石井在考量安心安全時，總是著眼於「是否也會想讓自己的家人、孩子食用」？

「現在的零售業，為了能讓產品保存更久，添加了很多東西。但是，這幫助到誰呢？我們必須要知道，這樣並沒有幫到顧客。能放愈久，販賣者所花費的成本愈低，效率愈高。但這樣不就不是為了顧客嗎？只是為了店家自己的利益而已，我們必須要注意到這一面才行。」

為了提供顧客真正的安心、安全，不使用防腐劑，保存期限變短，販售起來也會麻煩許多。

「賣這樣的商品很辛苦、很麻煩，所以大部分的賣方會選擇販賣大量添加防腐劑的商品。但是，只要有那麼一點點浮現這樣的想法，成城石井的生意就無法成立，必須將想法改變成『沒有放防腐劑是理所當然的』、『這樣的商品必須在短時間內賣完』。而這就是困難的地方。因為對賣方來說，總是想選擇輕鬆又利多的做法。」

為什麼成城石井會堅持安心安全？出發點來自於家庭的料理。在為家人準備料理的時候，我們會加入防腐劑嗎？會放入添加物嗎？在家裡不會放的東西，為什麼能放進在店裡賣的菜餚裡呢？這樣不是很奇怪嗎？

有位親子兩代都是成城石井粉絲的顧客，在孩子出生後，才終於瞭解到為什麼自己的母親會那麼堅持在成城石井買東西。「想要讓自己的孩子吃什麼？」以這樣的角度來看成城石井，便深深感受到母親的愛，因為在成城石井，能夠讓孩子吃到真正安全的食物。

從二〇一二年開始，成城石井強化中央廚房的安心、安全，約有半數的商品已經不使用化學調味料，所有商品皆不使用任何人工甘味劑、防腐劑、人工色素。

今日，人們愈來愈在乎食安問題，但現實的情況又是如何呢？把食品吃下肚前，我們應該要好好看清楚包裝上的標籤。

時代追上了成城石井的腳步

泡沫經濟崩壞後二十多年，在資訊科技化等的幫助下，日本產業徹底推動效率化。規模理論加速了併購等商業行為。

成城石井所做的事情，不正是和時代潮流相反的事情嗎？原社長說：

「我認為，現在成城石井的成長加速，創造好業績，不如說是這個逆行得到了高評價的緣故。」

成城石井選擇做效率差、麻煩的事情，不選擇販售大量生產的產品，堅持商品少量多樣，相信一定有追求這樣商品的顧客，齊備頂尖的商品。成城石井不選擇效率好、高獲利的經營方式，笨拙地、愚直地一股勁面對顧客追求的東西……。

「從商業常識來看，我們的做法真的很特異，但我們的初衷就只是想提供顧客真正美味的東西。我想，現在終於進入有更多人理解我們的時代了。」

若是在高級品盛行、經濟繁榮的泡沫時代，營收有著大幅度成長，那還能理解。但是，成城石井的情況相反，在日本經濟蕭條、通貨緊縮的時候，仍然繼續成長。

在泡沫時代，高級品賣得盛況空前，但泡沫經濟結束後，消費者更會精打細算，僅僅只是賣好東西，不容易得到消費者的青睞。

「成城石井在泡沫經濟時代，也為要如何才能便宜提供好東西抱頭苦惱。這部分完全沒有偏離初衷。

注重商品品質的人增加了，對價錢的要求也變得嚴格，這個時候，『在成城石井就能夠以適合的價錢買到。』風向轉變了。」

其實，中央廚房開始運作，是在泡沫經濟崩壞後的一九九六年，日本迎接最痛苦狀況的時候。

「我們只是一心追求美味的東西，提供給顧客能輕鬆購得優質商品的友善環境，不是為了能夠獲利才建立工廠。貿易公司是為了能夠買進特別的商品，保管中心是為了能夠自己控管，所有的一切都是為了顧客。」

進入通貨緊縮的時代，廉價的旋風橫掃日本，人們聚焦在價格上，便宜卻劣質的商品大量湧現。

「我想，今天出現了廉價的反動。可能是對便宜卻劣質的東西感到疲乏了吧，人們開始追求好東西、特別的東西、新穎的東西、奇特的東西。他們大概就是在這個時候，發現了成城石井。」

的確，成城石井店裡，有不少高價格的高級品。然而，若認為成城石井只賣高級的東西，那可就錯了。持續追求顧客想要的東西，這才是成城石井。

就這個意義來說，成城石井的立場和過去完全沒有改變，改變的是這個社會，瞭解其中價值的人增加了。

我相信，其他的零售業沒有辦法輕鬆追上成城石井，因為好東西不是簡簡單單就能進貨的。

第4章

哪裡都可開設分店的超市

「強大的經營與店鋪開發」

成城石井牛奶

成城石井的堅持商品④

一般市面上的牛奶多為「高溫殺菌」，但成城石井堅持「牛奶本身的風味」，販售低溫殺菌的牛奶。相較於高溫殺菌是120℃、花費2秒左右，低溫殺菌是65℃，需花費30分鐘。沒有高溫殺菌的殺菌力，必須現擠完後馬上進行殺菌，保存期限也比較短，但沒有「牛奶臭」，香味和味道也完全不同，備受好評。

曾在澳洲農場打工的社長

二〇一〇年，原昭彥先生任職成城石井社長。他於一九九〇年大學畢業，進入成城石井工作，那時，成城石井還只有兩間店鋪。原社長就任時，年僅四十五歲，可說是最瞭解成城石井的代表人。原社長說：

「我的老家原本就是蔬菜店，所以我從以前就對買賣有興趣。老家位於距成城石井騎腳踏車十五分鐘路程的地方。小的時候，看到成城石井直接進口葡萄等當時很少見的食材，覺得『這間和其他的超市不同耶。』這是我最初感到興趣的地方。」

進入成城石井後，興趣愈來愈高。明明是小小的連鎖店，卻導入了ＰＯＳ系統（銷售時點情報系統）。明明就只有兩間店舖，卻採取共同配送的運輸。明明只要交給批發商處理就好，卻打算建立自家的物流中心。而且，還在店裡製作正統的配菜，致力於葡萄酒的進口，採購人在世界各地採購商品。

擔任成城石井社長的原昭彥先生。

「這讓我重新認識到，成城石井的經營不同於以一百日圓買進一百五十元賣出的買賣。我過去認為市場就是這樣的商業行為。但是，成城石井的商品完全不同，不僅品項齊全，且有許多獨家商品。我想，像這樣差別化的商品，有別於只能訴求於價差利潤的商品經營，今後肯定會繼續蓬勃發展。」

雖然原社長原本打算以腳踏車通勤，但最初分配到青葉台店。在青葉台店工作約兩年的時間後，他異動到成城店執勤兩年。

「我第一次被分配到賣場時，感到幹勁十足，但當時的我什麼都不懂，想說『便宜的商品一定能賣出去』，於是把價格便宜的全部擺到前面，結果變成一間無趣的超市。實際上，商品銷路是有稍微提升一些，但當時總部派來了人稱傳說的採購人、擔任常務的嶋崎美枝子小姐，明明這樣擺銷路不錯，她卻將全部賣場大改造一番（笑）。經過一段時間後，我才瞭解其中的意義。」

然後，進入公司第五年，原社長向公司提出停職，花大約一年的時間前往澳洲。

「原本想要回老家繼承蔬菜店，但公司勸阻我（笑），父母也極力反對。『現在可是泡沫經濟崩壞，你在說什麼傻話啊。』但我想要看看不一樣的世界，於是休職一年，前往澳洲拓展眼界。」

這趟旅程，後來變成可以活用的寶貴經驗。

「澳洲基本上屬於英國文化。雖然一九九〇年代當時，西洋文化已經在日本流傳開來，但實際到當地體驗後，先前的認知完全改觀。麥片、麵包、披薩、葡萄酒……等，首先感受到的，是在那裡沒有像日本一樣豪華的用餐，人們更習慣樸實的菜餚。」

但是，樸實卻豐盛，麥片有豐富的種類；塗抹在麵包上的果醬的味道有深度；非常新鮮多汁的水果；還有完全變成餐桌上基本餐點的乳酪和葡萄酒……等。

「葡萄酒對澳洲人來說，是非常隨性的飲料，不是在特別情況下才能喝的飲品。乳酪也是一樣。在晚餐前，餐桌都會擺上天然乳酪和葡萄酒。這樣的風俗，我覺得非常得棒，體驗到當時日本所沒有的氣氛。」

他當時確信，未來有一天，葡萄酒和乳酪絕對會在日本形成一股熱潮。那時是一九九五年左右。他當時也體驗了Farm Stay[10]，從事採收葡萄的打工。

10 在農場打工，換取住宿。

「那個時候真的很辛苦。每天還得對抗毒蜘蛛等昆蟲，但這也是成為寶貴的經驗。」

有過國外農場採收葡萄經驗的零售業經營者，大概沒有幾個人吧。

為了顧客做出最好的選擇

在成城石井，「要販售什麼樣的商品？」的店舖戰略大框架，是在原社長的主導下，由本部所訂定。其中最為重要的，是每週一下午兩小時的經營會議。

各店舖落實多少「四項基本原則」？首先，會詳細確認神秘客調查的數值。但經營會議要做的事不只這些。

重要的議題是，哪一週要推銷哪個商品？確實推出重點商品，也就是該週的推薦商品。換言之，由總部指示最先向顧客推薦的當季商品。

「比如，初春的人氣商品有白蘆筍，從南美秘魯一千條一束地空運過來，但產季每年只有二至三週的時間，若錯過這段時間，就沒有辦法向顧客推薦。所以，我們會指示分店，將白蘆筍當作當週的推薦商品販售。」

除此之外，還有其他季節的活動，像是春天的節分祭、情人節、女兒節。

「飲食的潮流變化真的相當快，晚一個月就太遲了，沒有辦法回應顧客的需求。所以，我們才每週決定推薦商品，一年展開五十二週的會議。這是讓一百一十二間分店短時間統合意見的方法之一。」

每週的推薦商品，是以採購人和部門的負責人為中心，討論陳列方式、販售方法等。若有需要，也會安排店長、分店人員實際試吃。

「比如情人節的蛋糕，我們會召集各店長試吃，判斷一天大約可以賣多少。自己有實際試吃到商品，比較能抓到方向。然後，我們再決定整體總共要製作多少數量。」

推薦商品會議結束後，透過區域經理以電子郵件的方式，將會議結果傳達給店長及部門的負責人。這時重視的是速度。

然後，明確定下該週的推薦商品後，各店舖便可大膽改變商品的配置。比如提案白蘆筍的時候，店舖便會縮減小黃瓜等蔬菜的陳列，擴大白蘆筍的配置。

再舉其他例子，情人節的時候，店裡頭的主角是巧克力的相關商品，店舖會大幅縮小旁邊別種商品的賣區。在成城石井，這是很正常事情。

「成城石井各部門有各自的負責人，若是在其他超市，負責人可能會對負責的商品區縮小感到不滿。但是，成城石井沒有這種部門的地盤意識，這和顧客沒有關係。對顧客來說，地盤意識只是一種麻煩。如果顧客為了最想要的東西、當季的商品來店，但賣場卻不充實，只會讓顧客感到失望而已。所以，即便縮小其它商品架，也要多擺出當季商品，其中的判斷由公司決定。賣場負責人也是，比起自己的賣場被縮小，作為一家店，站在成城石井的立場，應該要為顧客做出最好的選擇。」

業績變差是總部的責任

另一方面，每個月總部會從全部商品中精選一百三十件推薦商品。多數成城石井分店有六千至七千件左右的商品，一百三十件大約佔全部的兩個百分比。這是推銷商品的戰略。

「當商品數達到數千件，會不曉得該賣什麼好。我想，這是分店常發生的情況。若依照販賣人的喜好構成賣場，商品會有所偏頗。所以，我們建立了機制，總部每個月會決定一百三十件商品，各分店從中選擇推銷的商品。」

這一百三十件商品有當季產品、新的舶來品、培育中的商品、廣告上刊載的商品等。

「把好像能熱賣的商品擺到前面不就好了？也許很多人會這麼認為吧，但這樣賣場就太制式化了。其實，賣場是不斷變化的。在成城石井，作為店裡頭變化的主軸，就是這一百三十件商品。」

換言之，這是明確「想在賣場賣這些」的指標。放置在店鋪入口等地方的，就是這類的商品。另外，成城石井也會決定三十道中央廚房的重點配菜，作為「ＣＫ３０（中央廚房30）」推銷。

就像這樣，總部決定的推薦商品，管理各店鋪推銷什麼商品。將這一百三十件商品、每週的推薦商品以及ＣＫ３０，各自佔總營收的多少比例、佔訂貨的多少比例、銷售數目數值化排名，再搭配神祕客調查的店鋪評價等，作為店鋪、工作人員的考績指標之一。

也就是說，並不只有比較營收的高低而已，店鋪落實多少經營者的指示也是評價的項目。反過來說，分店的營收是由總部負責。原社長斷言：

「一百三十件商品，每間分店可以自由發展，但基本上戰略的建立是總部。也就是說，若是業績變差，是總部的責任，經營者的責任。這點可以明確說出來，賣不出去不是分店的錯，錯的是總部。」

這樣分店的人員不會容易對總部的指示消極應對嗎？完全沒有這樣的情形。

「試吃每週的推薦商品、各店鋪決定進貨多少數量等的店長會議，在會議上，採購人的熱情果然也直接傳染了給店長們。『我想要進貨這麼多。』經常發生店長提出超乎預期數字的情況。」

由店長自己決定進貨數量，若是賣得不好，自己的考績也會受到影響。不過，店長也覺得美味的東西，當然會想要經營該商品。

「一不注意，累積的進貨數量會變得非常大。這個時候，『我瞭解大家的心情，但不需要勉強自己。』我還不得不介入請大家冷靜（笑）。」

資訊流通迅速的機制

討論各分店四項基本原則執行的狀況、決定當季推薦商品的經營會議上，原社長特別關注的是公司內部的「資訊流通迅速」。在經營會議討論的事情，原社長希望店長、各分店的工作人員都能確實理解。

筆者曾採訪過多個有前線的服務企業，說到經營上的最大煩惱，最常聽聞的是總公司和前線的背離情況。

若溝通不足，或是總部下達的資訊沒有正確傳達，『總部不瞭解前線的事情』、『總部什麼都不做』、『不曉得總部在想什麼』等，前線會產生不信任感。

為了避免這樣的情況，成城石井重視資訊流通的即時性。這不僅限於總部和分店的資訊流通，經營會議也同樣重視，麻煩的事情大家相互共有。

比如，對鮮度管理等各種客訴。這些不滿和具體的內容會在經營會議中討論。

「不好的事情會不斷提出。公開情報，便能集思廣益，找出改善方案。隱藏問題，問題不會因此解決，所有的資訊都透明化會比較好。」

而且，經營會議上，與經理、資訊系統等分店業務無關的部門負責人也會出席。這也是非常重要的地方。

「的確，他們的工作或許和蘆筍要怎麼賣完全沒有關係，和情人節的活動也沒有直接相關。但是，管理部門全員也必須出席會議，因為在繁忙的尖鋒時期，他們也有可能需要到超市支援。」

總部的職員積極參與前線的支援，形成出總部和前線的一體感。這是成城石井經營者所建立的企業文化。

「經理、資訊系統現在是如何在前線運作？分店如何因應本週的活動？這些我都曉得。蘆筍、情人節的事情，其實我也非常清楚（笑）。」

總部的工作人員到現場支援，同時能夠瞭解前線的嚴峻。看到不論酷暑還是寒冬都必須站在店內的同仁，他們會產生為前線努力的想法。到前線支援能夠醞釀出這樣的氣氛，加深彼此的默契。

前線的工作人員也是，知道本部的人在最忙碌時，中斷業務，特地前來幫忙。在前線的繁忙期前來支援，會覺得非常感謝他們。雙方像這樣盡量互相理解，構築起良好的關係鏈。

同樣地，總部的對策也變得較貼近前線。特別是資訊系統等，僅由本部推動的制度，容易變成總部強押決策給前線實行。因為作出決策了，所以希望前線配合。成城石井不採取這種方式，而是建立確實聽取前線的意見，符合實際情況的系統。

「比如想要汰換訂貨的終端機時，總部考量前線的便利性，想要增加照相、接收郵件等功能，帶著許多點子到前線詢問意見，認為這些功能符合前線所需。但是，前線想要的是高電池續航力和發射強電波的功能。『原來前線需要的是這樣的功能啊。』資訊系統的人員感到驚訝。」

訂貨終端機變得愈來愈簡便，為了能夠有良好電波狀況，一個終端機會有兩支天線。若能確實回應前線的需求，前線也會高聲歡呼吧。

成城石井的大轉機：車站內分店

原社長從澳洲回國，在市尾店任職一年半後，調動到營業總部，任職採購人。

這個時期的上司是前面提到，在新人時期將賣場重新整頓一番的傳說中採購人，當時職位為常務的嶋崎美枝子小姐。她駕駛輕卡車走訪全國的生產者，大量買進商品，留下許多豐功偉業。和原社長母親年齡相當的嶋崎小姐，徹底將原社長鍛鍊成出色的採購人。在一九九七年的時候，委託原社長新的挑戰。

今日，成城石井發展出一百一十二間分店，其中某類型分店的開設，絕對是成城石井大轉機，那就是「車站內分店」。目前，成城石井的車站內分店，已有五十六間，超過全店舖的一半。

其中第一號店atré惠比壽店分店的開設，以商品部採購人的身份著手經營的就是原社長。

「一直以來都是開設路面店的成城石井，第一次挑戰車站內店。當時真的做了許多嘗試，結果有好有壞。比如一開始設置了冰淇淋櫥櫃，卻幾乎沒有賣出，實在是個慘痛的經驗。不過，就結論來說車站內店出乎意料的成功，為成城石井帶來巨大的變化。」

開設車站內店的契機，是東京成瀨的小型路面店。

當時待在商品部的原社長，負責一部分的商品，包括商品的選擇、陳列等。但是，車站內店以前完全沒有接觸過，而且這間店的坪數是當時分店中最小的四十六坪，到底該如何經營？這讓原社長苦惱許久。

「除了冰淇淋櫥櫃之外，還有許多其它的失敗，比如米、醬油幾乎賣不出去。但後來想想，便瞭解理由。顧客不會特地到車站內購買米或醬油，這些只要在自家附近的超市就能夠買到。而成功的例子有乳酪，由於賣場空間狹小，只能實行『任何空間都不浪費』的絕招，從商品架的下方向上堆進一百種以上的乳酪，賣得盛況空前。」

只是，來店的顧客層？利用的方式？在開張之前，完全沒有頭緒。

開張的第一天，早上十點迎接開店，但卻門可羅雀。對超市來說，上午和傍晚是勝負的關鍵，只有時間靜靜流逝。

「雖然必須處理明天的訂貨，但我完全沒有頭緒，覺得不行了，認為這家店大概失敗了，也就沒有處理隔天的訂貨。」

下午三點過後，出現了「異常」，來店人數突然一口氣增加。當時原社長想說，這只是因為接近傍晚的來客高峰，人稍微多一點而已，還在「超市的常識」範圍內。

然而，後來人數不斷地增加，甚至到了六點、七點、八點、九點、十點，來客數還是持續增加。

「我完全沒有過這樣的經驗。顧客在傍晚過後還是不斷增加，沒有間斷過。過了晚上九點，店裡仍然非常忙碌。」

為什麼會和預想相差這麼大？

成城石井atré惠比壽店位於車站的檢票口旁邊。在這樣的地方開設小超市要做什麼？原社長被質問無數次。當時他也抱有可能會大失敗的覺悟，收銀台只準備兩台，結果導致店裡出現一圈排隊結帳的人龍。

「顧客數跟預估的完全不一樣，晚上時段的營收完全超乎預想。而且，因為中午沒有處理隔天商品的訂貨，結果發生商品不足的情況。緊急之下，只好請成城店以卡車運送商品過來。」

但是，當時原社長還對這樣的盛況半信半疑，想說隔天、後天的情況就會穩定下來。然而，店鋪仍然盛況空前。因為保守訂貨的緣故，又必須再請成城店往返運輸商品。然後，星期五的晚上，店裡變得更加忙碌，迎接那週的高峰。

「那時我真的嚇到了。我才晃然明白，在附近工作、通勤的顧客，在下班回家的路上，順道光臨本店。咖啡、紅茶、葡萄酒、乳酪、配菜都大賣，因為這些都是自家附近超市買不到的東西。」

經過一個月後，店裡陳列的商品有大幅改變，不販售米，減少味噌、醬油、雞蛋、豆腐，增加麵包、配菜、葡萄酒，營收愈加向上提升，當月的營收超過事前預估的兩倍。

「我自己的想法完全改觀，車站內店熱賣的商品和路面店超市的完全不同。在過去以成城店為首，為了回應顧客需求而努力堅持的葡萄酒、香檳、乳酪、配菜等成城石井獨家的商品，在車站內店非常活躍。」

這是原社長注意到成城石井也可以在車站內開設的瞬間。之後，車站內分店陸續開張。

「商圈一公里內的所得分佈？這種表面的調查沒有意義，不如說，白天正午時的人數有多少？這樣的問題還比較有建設性。路面店的情形則是相反，和白天的人數沒有關係，不能以外來工作的人為目標選擇陳列的商品。」

開設車站內分店後，也讓更多人知道「有這樣的店啊」。

「附近超市買不到葡萄酒、乳酪，在這裡可以輕鬆買到。這讓顧客注意到，與朋友、家人的重大日子，想要喝好東西時可以利用本店。大家都潛意識地追求這樣的店。」

不久，義大利風潮進來，成城石井的橄欖油相關商品大受歡迎。酒的口味也多樣化，進入可以普遍享用啤酒、葡萄酒、香檳的時代。日本也開放生火腿的進口，能夠品嘗到當地的生火腿，成城石井率先擺在店裡頭。

成城石井先前所投注的心力，現在進入了開花的階段。

選擇分店地點不用在意「競爭店」

今日，成城石井有一百一十二間店鋪，店鋪的類型各式各樣，有路面店、車站大樓、百貨公司地下、購物中心專櫃、辦公大樓、便利商店廢棄地等，店面小至二十坪大至到一百九十坪都有。這麼多樣的店鋪，是每年能開設超過十間分店的理由之一。原社長說：

「在物色開店地點時，我們並沒有一定要路面店，或非車站內店不可，如果像這樣制式化選擇，分店候補地也就有限。一定要是五十坪，不開低於這坪數的分店，過去也有過這樣的時期。然而，實際上小型店的候補地有縱長的、橫長的、正面狹長的、正面寬矮的等各種結構的店鋪。若能活用這樣的店鋪，就能增加候補地的選擇。」

實際上，店鋪開設分店的條件林林總總，這樣的想法顛覆業界的常識。然而，成城石井卻不以為意。

「有人說，因為成城石井有販售酒，所以才能這樣做，但我們也有沒有酒賣場的店舖。另外，我們也有沒有生鮮的店舖；生鮮區只販售肉類或只販售加工過的魚類的店舖；店面只約二十坪的店舖。有很多人因為限制條件打退堂鼓，但我們不在意這些條件。不如說，我們認為條件愈多樣愈好，就結果而言，反而發展出各種類型的分店。」

這個也可以說是逆著時代走吧，開設沒有效率、麻煩的分店。

但是，並不是說任何地方都可開設分店，還是得從眾多的候補地中，嚴選適合分店落腳的地點。也可以說，正因為重視開店地點，所以分店的類型才變得多樣。

「隨著地點不同，店舖也會不一樣。就這個意義來說，比起拘泥於固有形式，建立新的形式或許還比較適合。雖然比較花費時間、精力，但我想這樣開設分店的風格也是成城石井的強項。」

當選出符合條件的最終候補地之後，以原社長為首的經營人員會前往查看，觀察上下車人數、行人人數，確認人潮是從哪裡來往哪邊去。

「我們從來沒有不視察現場便開設分店的情況。比什麼都重要的是，能不能想像出開店後的情景？在這市街上，成城石井能賣什麼樣的商品？這些商品擺在店裡會形成什麼樣的店？晚上的情況如何？若是沒有辦法浮現這些想像，那這個地點就不太適合經營分店。」

獨特，是不在意任何競爭。實際上，如同前面提到，麻布十番店的旁邊有便利商店；六本木新城店旁邊也有便利商店；立川店的地下是超市，一樓是成城石井。

「最後是自身的感覺。成城石井適合這個市街嗎？我們不僅以理論、資料決定是否開店。」

有些分店會被質疑開設地點是有恰當，但是，成城石井並不是隨便決定開店，而是實際走訪，親身判斷該場所適不適合。成城石井是這樣擴大店鋪的。

「買賣並不是那麼困難的事。」

各間店鋪能有好業績，跟商品的獨特性當然有關，但原社長表示，更大的理由，是踏實累積符合各店鋪的細鎖經營技巧。

「發展出許多類型的店鋪後，可以看到更多的事情。比如車站內的惠比壽店，星期六、星期日上班的人潮減少，營收也就跟著少，但星期一從早上開始，營收便一口氣暴增。星期五則是會營業到很晚，到關店時間之前，都持續有顧客光顧。地方都市有地方都市的特徵。」

開店一年後，店鋪會累積季節的情報。以這些經營方式為基礎，逐漸加入新的挑戰。

「這絕對不是什麼困難的事情。比如，最近幾年多熱暑，發生過放進冷藏櫃裡飲料不夠冰涼的情形。若早上才補充商品，中午會來不及供應冰涼的飲料。」

於是，他們想了辦法。關店後，先完全補充寶特瓶裝的水、果汁。這樣一來，到早上就能以最大限度地供應完全冰涼的飲料。

「車站內店沒有大型倉庫，能否做到不浪費空間，有效率地事先準備好冰涼的飲料是關鍵所在。若做不到，顧客可能會對不涼的飲料感到失望。這也是經營技巧。」

各分店累積的經營技巧會分享給全部店鋪。這些經營技巧已經累積得相當可觀了。

「顧客購買某樣商品的理由並不只有一個，不單只是考慮品質或價格。不論是多麼細微的事情，能否注意到購買的理由？能否從這些細微的地方累積？是否掌握購買理由中千分之一的經營技巧？我想，最後是由這些地方決定一間店是否強大。」

顧客有他購買的理由。即便價錢只差了十日圓，在炎熱的酷暑裡，比起溫溫的飲料，更想要買冰涼的飲料。

「注重基本且徹底執行的重點就在這個地方。對顧客來說，一次的購物就是一切。以新鮮度為例，對店家來說，可能只是五十個優格中漏掉一個保存期限過期，但對顧客來說，這一個漏掉的是非常大的傷害，可能因為這樣而不再光臨店家。」

顧客追求的事情，不論是商品的齊備還是服務的品質，總之一個個地回應。原社長表示，反過來說，顧客重視的就是這些地方。

「雖然說變化的速度要快，但也不能是劇烈的改變。每天都一點點地改變，積沙成塔，成為大變化。

我認為，買賣並不是那麼困難的事情，只是徹地執行應該做的事情。特別是基本，必須徹底執行。若要說困難的地方，我想應該是『持續』這點吧。真的是太過理所當然，大家反而沒有做到。持續理所當然的事情，才是最重要的地方。」

因此，成城石井才建立了能夠持續的機制。

即便是現在，原社長晚上工作結束回家的時候，若還是店舖的營業時間，便會繞過去，在裡面繞一圈，察看店裡的情況。

「即便總部說得多麼漂亮，只要前線沒有落實，那就沒有任何意義。商品沒有POP廣告、沒有擺在應該擺的位置、陳列的方式不如預期等等，這些都必須確實查看。雖然這對店家來說是一種麻煩（笑）。」

若碰到配菜降價出售，社長也會買回家試吃。賣剩必有理由，社長想要探究其中的原因。

從這些小地方一點一點地累積，確實面對眼前發生的事情。成城石井所做的，就是這些事情。

第5章

成為轉機的併購

「對事業的熱情與驕傲」

成城石井的納豆

成城石井的堅持商品⑤

一年銷售28萬個的人氣商品。

堅持「能吃到大豆原本的風味」，直接從產地購入指定國產大豆，在使用古老製法的工廠生產。附的佐料不添加化學調味料，堅持使用天然的高湯。豆子有小粒、中粒兩種，中粒比較能感受到大豆的味道，備受歡迎。

新的股東

持續順利擴大成長的成城石井，在二〇〇四年的時候，受到巨大的衝擊。那是所有工作人員、成城石井的顧客，都沒有預料到的事情。

奠定超市成城石井的基礎，帶來繁盛興榮的經營者發表，要將成城石井的股權賣給REINS INTERNATIONAL（後來的REX HOLDINGS）。由以燒肉店「牛角」等加盟連鎖發展急速成長，連便利商店「ampm」也併購的REINS取得經營權，成城石井成為其旗下的店鋪。

當時，成城石井已經擴展三十間以上的分店，總營收也超過兩百億日圓，經營上沒有出現赤字，業績也沒有惡化，經營得平平順順。

然而，迎接而來的卻是併購。原社長當時是任職營業總部的課長。

「為什麼事情會變成這樣？說實話，我當時非常困惑。突然就和別間公司合併，我們該何去何從？還能用以往的方式經營成城石井嗎？我感到不安。」

這個時候，併購的母公司表示：「什麼都沒有改變，我們尊重以往的做法。」然而，現實卻不是這樣，母公司派遣高層職員進來，突然發表驚人的報導。事前沒有收到通知的原社長，在早刊上看到這晴天霹靂的發表。

「早報上面寫著：『目標三年一百間店鋪，並與旗下便利商店的協同合作，致力於發展成高級便利商店』。當時，成城石井花費了十五年，才發展成三十多間分店，而且是貫徹自我的堅持經營過來。這樣的店竟然要在三年內開設一百間，我不得不感到驚訝。」

母公司是活用加盟系統，快速擴大店鋪，急速成長的公司。當時母公司也是上市公司。對母公司來說，大刀闊斧地加速展店，使子公司成長的戰略，是極其理所當然的做法。然而，成城石井是以什麼樣的方式得到顧客的支持，若對方有真正理解，相信不會有這樣突如其來的發表。原社長說：

「店鋪的擴大該怎麼做？加速分店開設該怎麼做？公司會議的討論重點不在商品，變成盡是如何開分店的事情。」

對以往致力於商品多樣與齊備的前線而言，實在無法接受這樣的展開，「為什麼要這樣急速擴展？」

往來的客戶也感到憂心。許多有所堅持的生產者，是因為成城石井才願意合作。「以往的經營模式不會改變嗎？」「成城石井的風格會不會消失？」……等。

然而，原社長表示，最感到憂心的應該是顧客吧。在許多店舖，顧客看到消息後，接二連三詢問工作人員。

「『接下來會如何？』『會變得不一樣嗎？』『能和過去一樣買東西嗎？』『會不會失去成城石井的風格？』……等，我們真的收到很多擔心的聲音。成城石井多麼受到顧客愛戴？在這個時候，我真的深切感受到了。成城石井是多麼受到愛護？對顧客來說是多麼不可或缺的店家？」

工作人員感到震驚，顧客也晴天霹靂，「我們的成城石井……。」

沒有了熱情，公司會墮落成這樣啊……

對成城石井來說最沈痛的打擊，是母公司對「飲食」的概念和成城石井沒有一致。

實際上，併購之後，也發生了「商譽受損」的情形。消息報導後，精選肉的營收受到影響。「該不會換成母公司餐廳裡端出的肉品吧？」顧客產生了這樣的疑慮。

另外，母公司也有自有商品，在別家超市為熱門商品。若是違反成城石井的本意，順著母公司的意向販售這些商品……這對成城石井來說，是「出賣靈魂」的行為。

實際上，在母公司舉辦的工作人員說明會上，有職員開門見山地質問，那些商品一定要擺在店裡販售嗎？母公司並沒有給予清楚的回覆。原社長表示，是否販售那些商品？是一條商業上的生命線。

「不放自己不接受的商品，這或許只是自尊心作祟也說不定。放個幾樣商品對成城石井來說並不是問題，但若妥協，一切就會倒塌了。這就是這麼重要的事態。我身為負責課長，若是因此被解僱，也是無可奈何。即便因而被調職，我也要堅持原則。」

「放置自己不接受的商品的成城石井，那就不是成城石井了。如果妥協，才真的會失去顧客的支持。」

另一方面，發展多店舖用的示範店家開始啟動。配合母公司的情況，準備的時間只有短短一個月。新型態的店舖開張，但經營得不順利，一個月後便關門。接著花費數個月的時間準備，接受外部顧問等的多項指示，在同一個地點開幕不同的新型態店鋪，但這次也經營得不順利。

「這讓我重新認識到，沒有了熱情，公司竟然會變這麼多。大家都燃燒不起來。過去辛苦累積起來的成城石井經營模式，被外部的人攪得一塌糊塗。」

雖然之前不久才守住了「成城石井的商品，絕對不妥協」的堅持。但即使如此，工作人員還是士氣低落。

「大家果然沒有辦法投入工作，我本身很驚訝，業績也明顯急速下降。這讓我重新認識到，一間公司沒有了熱情，竟然會變成這樣。業績每況愈下。」

準備要放棄新型態，轉換為以一般店鋪來擴展分店的時候，母公司也出現業績虧損，私募基金公司Advantage Partners對母公司出資，派遣新的經營者來成城石井。他就是大久保恆夫先生。

理解者登場，成城石井復活

二〇〇七年，大久保先生就任成城石井社長。他是伊藤洋華堂「業務改革」的主要成員，推進結構改革的其中一人。他也是支援Uniqlo、無印良品的經營改革，將組織導向成功，在流通業界裡無人不曉，非常厲害的人物。成城石井換成熟知零售業的人就任社長。原社長說：

「他是真正理解零售業的人。他對我們說，若有自己的想法，一定要重視這個想法，對自己的經營模式堅持到底。」

他由專業外人的觀點指出，成城石井的價值還沒有完全顯現出來。「有這麼好的商品，為什麼沒有辦法再賣更多呢？」「雖然用POP海報的方式展現，但沒有確實傳達給顧客。」指出許多我們沒注意到的地方。

「『再提高待客服務如何？』『那個，改用試吃販賣看看。』『試著改變一下POP海報吧。』……等，他給了我們很多意見，鼓勵我們改變。」

原社長表示，在併購這個經營上的大變化當中，許多社員迷失了自己的強項和優點。然而，「那樣就好。」專業人士大久保先生在背後推了我們一把，他認為成城石井的驕傲與原則，應該要確實用文字記錄、表現出來，大家一同努力，朝向這方面推進。

這就是今日工作人員一定要會帶在身邊的手冊「成城石井BASIC」，記錄了經營理念與信條、基本目標、基本方針、行動基準、盛情款待、服裝儀容、待客七大用語、沿革，二十四頁的小冊子。

「將過去潛移默化學到的東西具體化。對我們來說，經營方的這個技巧彷彿為我們開了一條新的出路。」

而且，不愧是熟習流通事業的人物，貫徹前線主義。總部不會傳來為難的指示，僅下達針對顧客的簡單指示。總部知道前線有前線的情況。大久保先生特別強調的，是待客的重要性。

「成城石井原本就對待客方式有所堅持，但過於著眼於商品多樣的同時，往往容易變成追求業務的團體。想說放置好東西就好，忽略了顧客本身。對商品的堅持固然重要，但若沒有顧及客人，也就失去其意義。」

只是將好商品上架，這僅是自我滿足而已。對商品愈加堅持，愈容易演變成這樣的情形。

「『以現在的情況，商品的資訊並沒有清楚傳達給顧客。』大久保先生的話給了我當頭棒喝。於是，我們再次重新檢討，要怎麼做才能傳達給顧客？顧客想要的是什麼？販賣的方式在這個時期出現飛躍性的成長。」

店裡頭更加重視商品背後的故事，大約也在這個時期。在此之前，雖然採購人、負責人知道商品故事，但他們以外的工作人員幾乎不是很清楚，工作人員大多認為反正有寫POP海報，應該不需對客人說明也沒關係，行銷方式較為消極。許多人想說只要放置好商品，就能夠賣出去。

「但是，再更站在顧客的立場會發現，這樣的做法不對。確實傳達商品的故事給顧客肯定比較好。實際落實後，賣場的氣氛也為之一變。」

大久保先生就任社長，為成城石井帶來另一個大轉機。

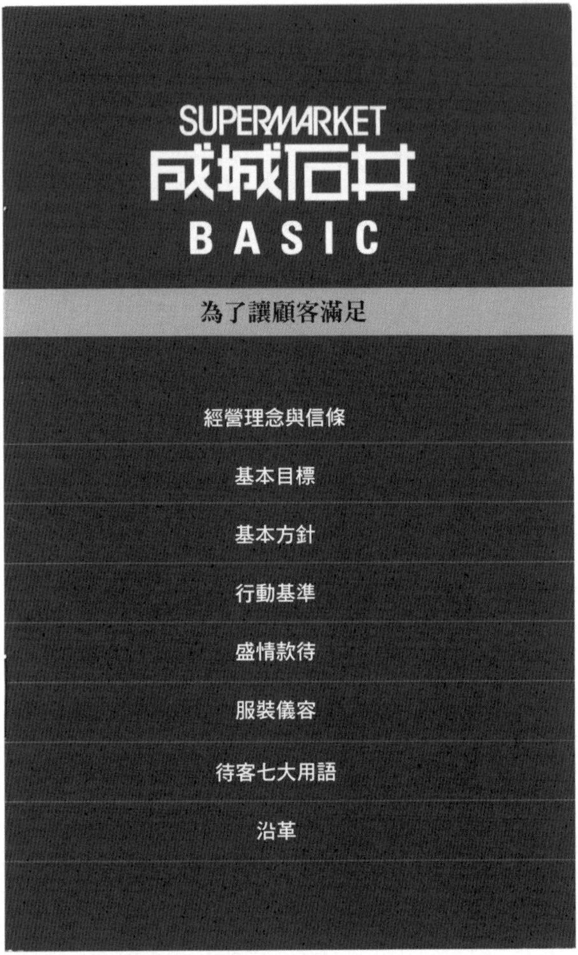
SUPERMARKET
成城石井
BASIC

為了讓顧客滿足

經營理念與信條
基本目標
基本方針
行動基準
盛情款待
服裝儀容
待客七大用語
沿革

成城石井BASIC。

記述成城石井理念、行動準則的小冊子，

工作人員有義務隨身攜帶。

總裁沒有專屬辦公室，全員在同一樓層奮鬥

過去，成城石井的總部設在成城石井的發祥地成城店，但在併入REX HOLDINGS旗下後，總公司移至接近REX總公司的六本木一丁目大廈。這棟大廈包含了外資管理顧問等公司，租金非常高。原社長說：

「這讓我坐立難安。零售業是靠著小營收的累積而獲利，不應該在這樣的高檔的地方設置總公司。而且，離店鋪太遠，這很令人困擾，不能馬上查看店鋪的情形。」

大久保先生就任後，總公司移轉至今日的橫濱市，沒有回到發祥地成城。公司變大後，在成城找不到能一次容納兩百、三百人的會議辦公室。

現在的總公司位於橫濱站出來，行走約十五分鐘路程的辦公大樓五樓。辦公室裡頭非常簡樸，像在表示「若有錢花在總公司，不如提供顧客更實惠的價格」。到了傍晚六點的時候，走廊的電燈會熄滅。

筆者也參觀了總部工作人員職務的樓層。社長的座位位於入口進去右手邊走到底的

地方。從大久保先生的時代開始，就沒有社長專屬的辦公室，社長在同一樓層的一角，和全體職員一同奮鬥。

順便一提，包含社長在內，工作人員幾乎很少利用計程車。公司也沒有社長的公務車，原社長今日也是以電車通勤。

大久保先生為業績急速下降的成城石井，吹進來了一股改革新風。作為其右手腕、執行職員營業總部長，一同攜手改革的就是現在的原社長。

「我和大久保先生兩人，對於未來走向討論了許多事情。他真的尊重成城石井的做法，讓我們能自由盡情伸展我們的優點。完全不像先前萎縮的樣貌，成城石井再一次開花，業績扶搖直上，新分店的開設企劃也蜂擁而至。」

股東引進的牽制度與改革

二〇〇七年，大久保先生就任社長。三年後，二〇一〇年，原先生就任社長。

「那真的很突然。大久保先生說：『我要引退了，你來接手。』」

也有再一次請外部經營者帶領我們的選擇。然而，成城石井複雜的經營模式，因為是大久保先生才能理解。原社長說：

「瞭解物流、瞭解中央廚房、瞭解製造商、瞭解貿易等，即便公司有各方面的專家，但卻沒有通盤瞭解的通才。」

輸入、中央廚房的運轉率要如何均衡控制？從店舖營運到商品進貨、從商品配送到製造商機能、從採購到貿易，能夠以廣視角看待成城石井的人才，外部當然也沒有，大久保先生非常清楚這件事。而原社長有過路面店、車站內店等豐富的前線經驗。

「『原先生，公司裡沒有其他人能勝任。』大久保先生說。說實話，我自己覺得還太早，還想再多學習一些。但萬一，又來了一位不理解成城石井經營模式的人，公司會再次陷入混亂。所以，我還是決定接手。」

二〇一一年，母公司從Advantage Partners轉變為三菱私募基金公司丸之內資本設立的新公司。

REX HOLDINGS的併購衝擊，對成城石井的相關人來說，是件相當大的事件。但是，或許正是這個衝擊，才造就了今天的成城石井也說不定。自己的價值在哪裡？成城石井重新定位自己就是在這個時期。

「我認為確實是如此。『我們最重視的是什麼？我們有多麼受到顧客愛戴？』正因比誰都強烈認識到這些，公司才能營造出一體感，變得比之前更加強大。」

若是沒有那場騷動，成城石井或許又會不一樣。原社長表示，正因為有那場併購風波，才有今天的成城石井。

然後，令人感興趣的是，成城石井並不是完全排斥外部帶來的影響。除了「成城石井BASIC」的制定之外，成城石井也接受了大久保先生所帶來的改革。在被REX HOLDINGS併購的時候，雖然原社長表示不贊同商品變更、急遽的發展策略，但其實成城石井也吸收他們好的部分。

比如現在作為店舖評價、人事評價的對象，對公司來說極為重要調查指標的神祕客調查，其實就是REX HOLDINGS在二〇〇五年引進成城石井的機制。

在外食產業中，這樣的神祕客調查非常普遍。REX HOLDINGS成立ＣＳ推廣室，導入成城石井。

店舖剛開始時也有所抵抗，但如先前提到，在半年一次的經營方針說明會上，表彰優秀店鋪後，情況為之一變。神祕客調查可引出了店鋪真正的力量，又可受到表彰，最後也就自然接受了這樣的制度。

然後，大久保先生的時代，引進了人事考核的制度。這是非常自然的變革。原社長繼續說：

「我想這也是成城石井的特徵之一。不論是採購上還是制度上，只要有好的地方，就不斷地吸收，內化成自己的東西。成城石井其實從以前就善於這樣做了。」

今日，成城石井積極參與不同文化交流，也積極會面其它同業公司、工作人員的。再來，家具、時尚等，成城石井也和不同領域的零售業交流。

「縱使和自己業界的生態不同，也一定有值得學習的地方。受到支持的制度，背後應該有它的理由才是。我們積極公開自己的方法，同時也接收他人的做法。這樣一來，雙方都能夠建立贏得顧客支持的店鋪。因為就結果來說，受惠的是顧客本身。」

不會滿足於業績良好，成城石井今後仍持續進步下去。

第6章
店鋪的主角是人

「對人才教育的堅持」

燒賣

成城石井的堅持商品⑥

在配菜的銷路中，總是前幾名的人氣商品。先將國產的新鮮豬肉絞碎，做出鮮嫩多汁的口感，再加入蝦米、乾干貝、香菇萃取物，增加味道的層次。不使用化學調味料、防腐劑、合成色素。

打工、兼職人員都必須接受半天的研修

對商品、服務有所堅持的成城石井，是怎麼樣培訓工作人員的呢？筆者採訪到其中驚人的機制。原社長說：

「這樣的做法恐怕在其它零售業都沒有吧。除了正式職員以外，兼職、打工人員進入公司時，也必須接受半天以上的研修。」

研修從這些根本的地方教起：「成城石井是什麼樣的超市？」「不一樣的地方在哪裡？」「存在的意義為何？」「工作人員需要做到什麼？」而且，研修時間竟然要花費三個小時以上（收銀人員因為有收銀研修的關係，需要花上一整天的時間），公司會給付交通費和時薪，在總公司進行訓練。原社長說：

「說到研修，一般人會認為花一個小時觀看訓練影片就好，但我們不是這樣。我們會確實進行訓練。所以，研修完畢投入職場的工作人員，動作完全不一樣，不是僅會執行工作的人。」

中途進入公司，實際接受過這個研修的五十嵐先生說：

「首先讓我感到驚訝的是，跟職稱等無關，兼職、打工、正職人員全都要接受訓練。我進入公司的時候，二十四人中有二十三位兼職、打工人員，其中還有大學生。我們一起接受研修，分組討論。大家特地前來橫濱總公司，卻只是為了進行訓練，當時我以為會看到大家興趣缺缺的樣子，結果大家都很高興。有人說：『因為有這研修，我才能有自信地在店裡工作。』」

筆者有幸參觀每個月兩次的職員訓練，地點是橫濱總公司，早上九點十五分開始，參加者三十三名。每次的參加人數不一定，人多的時候會超過五十人。關西地區的則會在關西舉行，從關東地區、靜岡前來的人，公司會給付交通費。如同前面提到的，盡量不利用計程車、晚上六點過後總公司走廊的照明會熄滅，成城石井雖然很節省經費，但在必要的地方絲毫不吝嗇。

當時，研修參加者有七成是女性，從二十幾歲的大學生到五十幾歲的人都有，年齡範圍相當廣。除了賣場之外，也有收銀人員，以及之後會介紹的成城石井新設立酒吧服務人員、調理人員的身影。

擔任教學的是人事部ＣＳ推廣室的深澤祐三子小姐，她在成城店勤務十五年，是成城石井裡擁有「傳說級」待客服務術的女性之一。她也待過「顧客諮詢室」，接應顧客的電話。深澤小姐說：

「若只有看教學影片、聽我講解，我想職員難以真正理解我想要傳達的事情。重要的是，如何在前線活用所學，所以，我會讓他們分組討論、進行角色扮演，以自己方式思考，確實理解其中的意義。」

如同她所說，三十三名參加者先分成六組。誰在哪裡從事什麼工作？讓他們確實共同參與。產生同伴意識也是目的之一。據說之後分配到門市，新職員會更容易融入環境，馬上和同事打成一片。

即便以後待的店鋪不同，但大家都是同仁，醞釀出一股溫馨的氣氛，每個人臉上都帶著笑容。明明是第一次見面，卻能很快地與他人打成一片。這令筆者印象深刻。

從「傳說級」的待客經驗到工作的價值意義

研修的課程大致分為五個主題：成城石井的沿革與經營理念、款待與溝通、公司內的基本準則（服裝儀容、打招呼、在賣場的行動）、突發情況如何因應？（顧客的聲音）、總結（自己本身的目標）。

研修從起立向全員打招呼開始，深澤小姐自我介紹後，接著是各組內的自我介紹時間：名字、工作崗位、為什麼在成城石井工作？再來是決定組長，選出印象深刻的自我介紹，各組介紹自己的組員。至於想在這裡工作的原因，每個人都不太一樣，有因為對待客的關心、因為對進口食材的關心，也有人表示因為以前光顧時，覺得這是間容易工作的店，所以才想在這工作。深澤小姐說：

「我告訴他們，這裡的工作絕對不輕鬆，但是也不全是辛苦的工作。所以，希望他們要重視當初工作的初衷。這初衷之後會成為他們的心靈支柱，產生『在這裡工作真好』的想法。

然後，另一個強調的地方是，新進職員心態尚未完全轉變，還有著顧客的視角，他們能以成城石井資深工作人員所沒有的新角度，觀看成城石井，產生想要改變的想法。」

接著，事前發下的「成城石井BASIC」，僅說明「請在回去的電車上閱讀。」深澤小姐說：「只是瀏覽一遍，並不會記進腦袋裡。實際體驗後，『啊，是指這件事啊。』他們才能體會到。」

她會特別提及寫在封面的標題「為了讓顧客滿足」。

「這才是最需要重視的地方。CS推廣室是推廣顧客滿意的部門，特地撥出人事費建立這個部門，也就表示我們相當重視顧客。我會向他們強調這點。」

接著，進行桌上討論，題目是「為什麼對成城石井來說，顧客非常重要？」帶著嚴肅的神情，進行組內討論，最後由組長發表各組的答案。出現了許多不同的意見。深澤小姐說：

「第一，我們的的薪水從何而來？第二，給予工作意義的存在。第三，能使自己、公司有所成長。我總是總結這三點給他們。」

在研修課程中，深澤小姐也會分享她的親身體驗。在剛進來成城石井，擔任收銀人員的時候，有天突然感到頭痛，顧客向她搭話：「妳今天看起來沒有精神耶，沒事嗎？」深澤小姐當下覺得震驚，因為她不認得對方。

雖然自認為自己僅是位收銀人員而已，但對顧客來說不是這樣，若能記住顧客的樣貌和名字，收銀員便能成為給予顧客元氣的存在。之後，深澤小姐時常警惕自己要面帶笑容，而顧客也會回以笑容。深澤小姐這才注意到，工作的意義是自己定義的。

顧客期望百百種，應對手冊製作困難

討論進入下一個主題「顧客對成城石井的期待是？」先在組內討論，再各組發表。最後，由深澤小姐進行總結。

「必須先自己思考，和大家交換意見後，才能和我所說的產生共鳴。這和我單方面闡述不同，理解方式會不一樣，學員能夠更深刻理解。」

首先，從高品質、安全性、獨特性、自家製作、自家進口、商品多樣等關鍵字，說明成城石井的商品力。

「成城石井也有高價格的商品。想要提供高品質的商品，就必須從原料開始堅持。例如，麵包不使用人造奶油，一定是使用天然奶油。瞭解成城石井提供的是什麼樣的商品後，便會覺得CP值意外地高。我會告訴學員，商品的價格並非單純地高，我們致力於盡可能符合商品的合適價格。工作後，這將會變成是一種驕傲。」

然後，再從親和力、有朝氣、能交談、商品知識豐富、商品裝袋等關鍵字，說明待客服務力。

「實際上，也有這樣的顧客，簡短的對話、輕微的笑容，便能夠改變顧客。更深入一點，我希望讓他們知道，這也是關乎顧客的生活意義的工作。」

接著，再從環境整潔、季節感、便利性等關鍵字，傳達賣場力。

「賣場是經常變動的，有些賣場的POP海報看起來很有活力，原因為何？我經常說明這些部分。另外，商品力、待客服務力、賣場力，統合這三項能力，成城石井才得以成立。不管缺少哪一個，都會無法讓顧客滿足。」

深澤小姐會舉一些實例解說，比如，顧客來買東西卻發現缺貨、好不容易找到想要的商品卻因上架工作人員的態度而感到不快等。在店裡工作，這些都是實際可能發生的情況，學員們都認真聽講。

之後，在店鋪的賣場、從貨車上卸貨、處理貨物、商品上架、保存期限確認、訂貨、會計、商品裝袋、商品包裝等，說明各種工作，每個工作有各自重要的角色。

穿插休息後，進入後半研修，主題是「什麼是親和的對話交流？」職員們實際角色扮演，體驗顧客買東西的情況。待客的基本用語「歡迎光臨」、「我瞭解了」、「請您稍後」、「我幫您請負責人出來」、「我幫您查一下」等，在什麼的場合怎麼使用？也有深澤小姐扮演買東西的顧客，突然向研修人員搭話的模擬情境。

最後八分鐘觀看教學影片，結束三小時的研修。

「我沒有辦法教全部的事情。有一百位顧客，就有一百種期望，應對手冊製作困難。所以，最重要的是，待客的基本思維。成城石井的工作人員應該重視什麼？只要能理解這一點，基本上就能做到最低限度的應對。這個研修的目的，就是讓學員先學會這個。」

下午開始是收銀研修，預計有三個小時。上午的學員約有七成都希望繼續參加。

必須先喜歡上自家的商品

包含打工、兼職人員在內，進入成城石井的時候，全員一定都要接受半天以上的研修。其他還有專門領域的研修，大致分成「葡萄酒、乳酪」、「咖啡、紅茶」、「日本酒」三類。

這個也是不分工讀生或正式職員，誰都可以參加。這體現了公司對工作人員教育的重視，但這麼做理由是什麼？原社長說：

「當然，我們致力於待客服務，但因為商品眾多，學習商品知識相當花費時間。商品知識不是店長稍微指導就可以，也不是參加研修後就能馬上記住，必須經由不斷累積學習，才有辦法一點一點理解眾多的商品。」

這個過程，能夠瞭解成城石井和其他公司的不同，瞭解商品和商品間的關聯。

「比如葡萄酒的學習，不是光知道葡萄酒就結束了。學習完葡萄酒後，可以接著學習乳酪。葡萄酒通常會搭配乳酪，兩者是相關商品。在成城石井，葡萄酒賣場並非僅是擺上葡萄酒而已，而是依照產地、葡萄品種來分類。乳酪賣場也是採取同樣的方式。哪種葡萄酒應該搭配哪種乳酪，有搭配上的適性。工作人員必須真的理解兩者才行。」

而且，這並不僅限於乳酪而已。生火腿、調味料、辛香料、鮮肉、鵝肝醬、魚子醬，不同商品有各自適合搭配的葡萄酒。

「若沒有一一理解商品背後的故事，無法建立賣場，更不用說接待顧客。所以，除了維持高品質的豐富商品之外，成城石井也非常重視員工的教育。」

然後，愈是瞭解商品，愈能瞭解到成城石井是什麼樣的公司。

「因為瞭解商品的堅持，也就會注意到成城石井為了『以合適的價格提供高品質商品』所做的努力。所以，賣場負責人的教育非常重要。」

店長每天業務繁忙，前線難有完善的教育。

「這是總部必須負責的事情。到底說來，若員工討厭自己公司的商品，營收也就無法提升。反過來說，若員工能夠喜歡上商品、公司，能夠激起顧客的共鳴，讓顧客瞭解成城石井，成為成城石井的粉絲。」

每年派人到葡萄酒的原產地進行海外研修

重視教育，是成城石井的傳統。前面提過，為了提升待客服務等級，成城石井會讓員工觀賞歌劇、體驗一流飯店的服務。而為了瞭解商品，成城石井從很早以前就有派遣店鋪負責人到法國酒莊視察的研修。海外研修的制度至今仍持續著。

「現在的作法是，以在業績、競賽等受到表彰的職員為中心，一年兩次、每次十五人，共三十人進行七天五夜的海外研修。」

在經營方針說明會的最後，到法國海外研修的工作人員會分享報告。他們參觀位於香檳省以F1的官方香檳、夢香檳紅帶聞名的法國夢香檳（G.H.MUMM）等三間公司，試飲最高品質的香檳，品嘗適合搭配香檳的料理。以特色乳酪世界的頂尖製造商為首，他們也到兩間乳酪工廠，參觀製作過程，試吃乳酪。

研修的內容，包含參觀原產地的酒莊、乳酪工廠，品嘗當地的香檳、葡萄酒、乳酪、生火腿，與一般的旅行遊覽完全不同，拜訪生產者，傾聽生產者的想法。這真的是非常寶貴的經驗。

而且，這個海外研修的對象並不只有正式職員而已，也有許多打工、兼職人員參與。

「親身參加海外研修，在原產地體驗過的員工們，個個都對此行感到印象深刻。從國外回來的他/她們，拼命想將自身經驗傳達給下一個世代，心頭奇癢，禁不住想要分享。」

所以，成城石井店裡頭，許多工作人員都等不及被詢問關於酒品的事情。

「一般店家的賣場，當店員被詢問時，大多覺得困擾，有時候店員還會直接掉頭離開。一察覺到『啊，好像要被問了什麼。』馬上就到後方準備室迴避。在成城石井，不會有這樣的事情發生。不論詢問什麼，店員都能自信地回答，也勇於詢問顧客：『請問在找什麼嗎？』店員會確認顧客的需求，如想要做什麼料理？平常有食用乳酪嗎？接著再提供顧客意見。」

開始對話交談後，顧客通常不會僅購買葡萄酒、乳酪，也會一併購買其他食材。因為員工不斷分享商品的故事。

「每年三十人的海外研修已經持續好幾年。生產者抱著什麼樣的想法生產？有工作人員自行製作POP海報，也有人自己參與過研修後，『好好把握下一次的機會』積極鼓勵後輩參加。成城石井經營的商品，員工們能夠抬頭挺胸，抱著自信販售。」

熱烈進行的五星競賽

在成城石井，海外研修也包含在獎勵制度中。除了在各部門活躍，受到表彰的工作人員之外，在公司內舉辦的競賽取得前幾名的人，也是獎勵的對象。

比如五星競賽，這是競爭待客技術的比賽，分為賣場部門和收銀台部門，全國分店約有一百五十人參加。

人事部長千葉先生說：「首先會請人扮演顧客的角色，參賽員工分別接待顧客，競爭待客技術。雖然是以競賽的方式舉行，但其中也包含了教育的要素。參加競賽，觀看他人的待客情境，從中能學習到很多東西。此外，報名參加五星競賽的員工，需要接受講習，從中也可以學到東西。」

對店家來說，這並不光是一種競賽而已。從店內的預選到決賽，全部需要花費四個月的時間，光預選就要重複四次，整個活動像是祭典一樣。千葉先生說：

「要讓誰出來競賽？這是由分店自行決定，有的分店以投票方式選出待客最佳的員工；也有分店是以預選會決定人選，推選方式林林總總，總之全分店都會報名參加。」

報名時間從三月到四月。之後，經過參加者的講習會後，五月時舉行反饋預選會。

「預選會的參賽人數約一百五十人，接著舉行實際技巧測驗，選出五十名區域大賽參賽者。實際技巧測驗包含選拔的要素，參加者需要接受講師的指導。」

反饋預選會每次三十人，總共進行五天。區域大賽則是在六月舉行，分成關東、關西、中部地區大賽，五十人競賽。然後，賣場十名、收銀十名，共約二十名勝選者進行五星決賽。

「公司內的氣氛變得非常熱烈。因為參賽人代表著分店，各自分店都會給予支援。

贈與五星競賽得獎者的五星別章。

前幾名得獎者可以參加海外研修。」

兼職、打工、正職人員都可以參賽。然後，五星競賽得獎者最大的榮譽，是工作時可以在胸口別上五星別章。在成城石井的店舖中，看到工作人員左胸別有五星別章，那就代表他是這個競賽的前幾名得獎者，是成城石井認可的優秀待客人員。

不論是待客服務還是商品知識，成城石井建立了許多學習的制度。且在各店舖都有排行榜，工作人員也可以隨時查看。

如同原社長所說，成城石井投入很多心力在教育上。

無限縱橫交錯的組織

那麼，從培育領導人的角度又是如何呢？在成城石井，各分店都有好幾個「領導人」。店長是店鋪的領導人，但並不只有他是領導人而已。前面提到的「交談的最後壁壘」收銀台，也有領導人（收銀領班）的存在，他的職責是管理所有的收銀人員。

另外，也有稱為ＣＳ領班的領導人，他是負責推廣顧客滿意的領導人。此外，還有打工領班，由工讀生擔任，職責是管理其它工讀生，人選是由店鋪決定。人事部長千葉先生說：

「各領導人會定期在總部召開集會，收銀領班每個月一次；ＣＳ領班三個月一次；打工領班半年一次。各分店的領班像這樣聚集，加深和總部的交流，共享情報。」

店內有著一個以上的領班，展現自發性行動及領導能力，在人才成長上，也有著相當大的效果。千葉先生繼續說：

「成城石井最大的特徵是，組織的縱軸和橫軸上佈滿了交錯的線。以店鋪的經營管理為例，除了店長的縱向線之外，還佈滿橫跨分店收銀領班、ＣＳ領班、打工領班等橫向線。這樣一來，即便店長的經營管理出現差錯，也能即時支援。」

在店鋪裡，也有與此不同的部門領導人。各商品領域領班的關係也是蹤橫交錯，會在總部召開部門會議，試吃中央廚房新開發的配菜、採購人新發現的商品。

從更大的組織結構角度來看，區域經理率領的店鋪線，和超級採購人率領的商品線，兩者經常交錯於店鋪中。在一般連瑣店鋪中，一間店往往只有店長、領班、主任的縱向線，但成城石井不僅有橫向線的領班會議，還有超級採購人的橫向線支援。

正因為確立了這樣的縱橫構造，才不會發生像是賣場範圍競爭的問題。各自不是著眼於自己賣場的利益，而是店鋪全體的利益、成城石井全體的利益，更甚者著眼於眼前顧客的利益，成城石井建立起這樣的結構。原社長說：

「重複再重複基本重要的事情，不論做多少次都要讓自己變得能徹底意識這些地方。反過來說，我們必須建立起這樣的機制。當注意到的時候，自己、公司很可能變得能以更輕鬆的方式前進。」

「正因為如此，必須儘早建立起能時常考量公司全體利益、顧客利益的機制。這樣一來，公司的等級也能有所提升。」

定期且頻繁的領班會議、部門會議，確實相當耗費成本，但即便如此，仍然特地召集到總部開會，這些會議有各自重要的意義。

店鋪大師制度，培養店長人才

領導人育成還有一點，除了日常的研修制度之外，還有店鋪大師制度。人事部長千葉先生說：

「進入公司第一年、第二年、第三年，每年度都會進行研修。新人職員約兩個月一次的程度。第一年，以基礎內容為中心，進行半個月的新人職員研修，接著以賣場的建立方式和實務要素為中心。第二年以後的研修，逐漸加入經營管理要素。第三年以後，不是全員進行研修，而是被選拔出來的工作人員才進行研修。當被判斷有潛在優秀管理能力，會作為店鋪大師候補進行研修。」

店鋪大師研修，是為了培育有潛力成為店長人才的制度。藉由一整套課程，以具體個案的研究來學習店鋪營運與管理。經由重複這樣的課程兩、三回，判斷員工是否能適任店長的職位。

「個別的顧客服務和經營管理店鋪，兩者需要不同的能力。比起商品的深度專門知識，更要求通才能力、管理能力。」

店鋪大師制度的目的，是儘早提拔、培養有這方面能力的人才。近年來，有許多人員經由這個店鋪大師制度成為店長。

在店鋪的工作人員出乎意料地多，比如成城店，包含兼職、打工人員，工作人員有一百二十人的規模。雖然實際出現在店裡的人數不會這麼多，但必須管理這樣人數的人，就是身為店鋪領導人的店長。

另一方面，若是小型店鋪，雖然加上兼職、打工，工作人員僅有數人，平常也只有兩、三個人在店裡，但小型店鋪有小型店鋪難管理的地方。千葉先生說：

「其實，光是打招呼就有很深的學問。若沒有店裡的同伴意識、對上司的信賴感、對公司的忠誠心，是沒有辦法打好招呼的。神祕客評分嚴格，他一進到店裡，很多時候店長和職員變得生硬不自然，工讀生和正式員工無法正常溝通，現場醞釀著劍拔弩張的氛圍。打招呼牽涉到許多東西，影響各種結果。」

管理能力要如何選拔？要如何培育？這其實是項艱深的課題。

優良分店的「留學」機制

在成城石井，有一項考績評分制度，能夠促進上司和部下確實溝通交流。首先，會由員工自我評分，以此為基礎和上司面談，再由上司決定分數，區域經理給予二次評分。打工人員也有同樣的機制。評分提高，時薪也會跟著提高。

然而，縱使有這樣的機制，日常的溝通交流也未必能順利進行。人數多，店長的業務就繁忙。千葉先生說：

「下達指示的時候，容易變成當單方面壓給部下。因為工作繁忙，一不注意就會變成那樣，但部下可能已經累積許多不滿。」

若是有說明該指示的理由、平常在一些小事上給予關懷，結果就會截然不同。「做得不錯喔。」熟練的店長除了會褒獎員工之外，對一些小事情也會給予鼓勵。

「但是，大部份的店長都沒有注意到這件事。結果，詢問上層人員的時候，只聽到店裡好的一面，但詢問打工人員的時候，卻出現不一樣的反應。運行不順的店鋪很容易發生以下情況：店長下達的指示沒有正確傳達給工作人員，甚至有工作人員完全不知道有該指示。也就是資訊沒有確實共有。」

另一方面，在優良的店鋪，所有的工作人員都有傳達到重要指示。不管詢問誰，他們都出現相同的反應。目標一致，知道自己應該要做什麼事情。

「平時沒有做好溝通，店鋪會無法順利運行。這是非常重要的店長技巧，需要經由研修等活動支援。真的就是經營管理的部分。」

然而，這並不是簡單的事情。

「建立店鋪大師的制度，是為了讓員工儘早累積管理方面的經驗。但對實際進行的他們來說，果然還是有難度。我自己也有從事店長的經驗，在還是一般職員的時候，會覺得上面的人「怎麼這個也不會做？」但當上店長後才發現，店長要做的事自己也不會。果然，店長不是那麼簡單的職務。從總部來的眾多指示中，如何和前線協調，統合工作人員一同執行？如何和兼職、打工人員順利溝通，確實管理，產生結果？這真的是困難的事情。」

成城石井會安排總是無法順利進行、抱頭苦惱的店長，到營運順利的店鋪「留學」一週，實際察覺自己哪邊不足，然後再返回店鋪。據說成效不錯。

沒有培育人才，就無法開設分店

過去曾待過大型超市，現任職新丸大廈店店長的島村隆一先生說：

「人們對成城石井的期待，比想像中的還要大。即便做到和其他間超市相同等級的服務，也不會受到好評，反而會出現這樣的不滿聲音『明明是成城石井……』、『明明是成城石井的商品……』。成城石井的營運需要相當高水準的能力。」

儘管開設分店的委託蜂擁而至，成城石井不簡單決定開設分店的理由就在這裡。現在的分店計畫為每年十至十五間。原社長說：

「我們認為，人才的成長會帶動公司的成長。沒有培育人才，就無法開設分店。採用人才、一定人數的培育、三年後的店鋪大師研修、成為店長，以這樣的規劃來看，一年十至十五間店是極限，沒有辦法加快到三十間店。」

成城石井至今仍然每年採用約七十名應屆畢業生，也積極進行兼職、打工人員的職員錄取。

「未來能否成為店鋪的負責人？我們會以這樣的角度來找千里馬，不斷推薦有這些潛能的人才成為正式職員。」

但是，即便如此，人才育成還是沒有辦法簡單進行。

然後，另一個不加速開設分店的理由，是對中央廚房的堅持。

「目前我們只將分店開設在『精心製作的東西能夠自己配送』的範圍內。物流是自家運輸，即便是大阪和中部地區的分店，我們也靠自己配送。中央廚房的商品因為沒有使用防腐劑，有鮮度管理上的問題。若沒有能夠對應的配送系統，就沒有辦法供應分店。所以我們只能在自家運輸能對應的範圍內開設分店。」

當然，成城石井也提出了對策。中央廚房決定在今年擴建，預計可以對應到一百七十八間店鋪。

「若是引進機器進行大量生產，應該可以更輕鬆應對。但是，這樣會偏離我們一直以來的堅持。所以，這次先以盡可能擴充面積來應對，今後的對策則作為下一階段的課題。」

成城石井當前的目標是兩百家分店，以至今建立的系統朝著目標前進。

「若是改為量產、使用防腐劑增加保存期限，那就和其他流通業者沒有差別了。放棄原本的堅持，會失去成城石井的優點。」

如何一邊守護自己真正重視的事物，一邊擴大企業？或許這就是今後成城石井最大的課題。

「成城石井完全不符合效率與合理。所以，我們才會重視『人』，形成認為提供顧客美味的東西才是最重要的組織文化。只有這樣做，我們才能持續守護最重要的東西。」

企業不成長，職缺不會增加，薪資也不會提高。成長，是組織的義務。如何一邊守護自己的價值，一邊培育人才成長？這是今後必須面對的課題。

第7章
不希望被稱為「高級超市」

「成功的本質與挑戰」

咖啡凍
成城石井的堅持商品⑦

這是成城石井自家製作的甜點當中，持續熱銷的商品。牛奶凍中浮有立方狀的咖啡凍，外觀新穎。咖啡使用100%阿拉比卡種咖啡豆深烘焙抽取液，最大限度引出苦味和濃醇。牛奶凍是使用北海道牛奶，添加黍糖增加圓潤的甜味。咖啡的苦味和牛奶的甜味形成絕妙的搭配。

被表彰的人都說：「多虧了……」

聚集約八百位工作人員、每年舉行兩次的經營方針說明會，前面已經提到好幾次，其中有一個地方令我留下深刻的印象。

得到神祕客高評價的優秀分店、五星競賽的上位得獎者、營造耀眼業績的優秀部門、可稱為全公司ＭＶＰ的優秀職員等，說明會後半會進行表彰活動，當受獎者站在台上被要求講幾句感言時，不論是店長、職員還是打工人員，不約而同地說出「多虧了……」。

「多虧了區域經理……」、「多虧了超級購買人……」、「多虧了店長及前輩……」、「多虧了日夜辛苦製作菜餚的中央廚房……」、「多虧了總是給予支援的品質管理部門……」、「多虧了辛勤工作的兼職、打工人員……」等。

不是只有一、兩個人這樣說，上台接受表彰的數十人中，幾乎全員都是以這樣的態度向周圍表示感謝，儘管是自己或自己的團體受到表彰。

當自己受到褒揚的時候，向周圍的人們表示感謝的心情，以謙虛的姿態表達並非自己一個人的功勞，大家相互認識、相互尊重。筆者認為這是非常棒的文化。原社長這樣表示：

「零售業並非一個人可以完成的工作，超市是由許多組織進行不同的工作，若沒有同心協力，即便一個人單打獨鬥，成果也無法提升。反過來說，能做好工作的工作人員，會和他人協力合作完成工作。不論是總部、中央廚房還是店舖，都是這麼回事。」

待過各種企業的五十嵐先生說：

「『這是我完成的。』公司裡大概沒有人會這麼說吧。我想成城石井的優勢，在於『大家攜手合作找出答案』這點，沒有個人強勢領導的氣氛。但是，這同時也是缺點，有些場面需要強勢的領導能力，這大概會是今後的課題。」

雖說如此，站上台受表彰的工作人員，都是表現非常傑出的人。代表他們的工作方式是目前比較好的做法。

關於形成這樣組織文化的背景，原社長分享了另一個看法：

「從以前，公司全體就是散發著這樣的氣氛。思索其中的原因後，腦中浮現的念頭是，成城石井是顧客培養起來的。到現在，這點還是沒有改變。」

「多虧了顧客才有今天的成城石井。將顧客教導給我們的東西，愚直地、一股腦地實現過來，才有今天的結果。我們做不到精明又合理。即便是現在還是強烈覺得，我們是受到顧客的鍛鍊。從接待顧客中，我們得到許多啟發，讓我們再次返回初衷。」

不希望被稱為「高級超市」

採訪時，其實好幾次聽到有趣味的發言，那就是「不希望被稱為高級超市」。近年來，有幾間超市被歸類為「高級超市」，成城石井也被分類在此範疇。

一般消費者中，也有許多人會因架上商品的價位，認為成城石井是「高級超市」也說不定。也有人表示，被這樣稱呼也並非壞事吧。

然而，成城石井並不希望被這樣稱呼。

「你們的競爭者在哪裡？我們經常被這樣問，但我們並沒有競爭的店。若硬要說有的話，那就是顧客的潮流、顧客的需求。」

成城石井所經營的，是顧客想要的東西。只是，這些好的東西、美味的東西剛好是高級品、一流品而已，不是一開始就打算經營高級品和一流品。另外，也因為這樣，成城石井才致力於合適的價格販售，不是因為是高級品，所以以高價賣出。追求的目標從根本上不同。

正因為如此，成城石井才能夠乘著時代的潮流，一路成長過來。儘管被稱為「高級超市」，至今仍然有著人氣，但若被問：「那麼，店鋪數量會繼續擴大嗎？」這就得打上大問號了。

「高級超市」是時代的先驅，這是不容否定的事實。比如，二十幾年前，有哪間超市會擺上成排的橄欖油？有哪間超市擺有高級進口食材？答案都是否定的。就這個意義來說，成城石井的確是先驅者、挑戰者。

然而，這二十年間發生了什麼事情？不論是橄欖油還是獨特的進口食材，現在在哪間超市都可以看到，變得不再有什麼特別。而且，靠著大量購買，商家能夠提供便宜的價格販售。僅是高級品、舶來品，變得不再有什麼差異性。

那麼，著眼於顧客需求的成城石井如何行動呢？他們徹底面對顧客的需求。成城石井也有販售橄欖油，商品的齊全是其他超市所不能及的。店裡有數十種橄欖油，每種都有不同的價值。義大利北部和南部的味道上有所不同，有些人會根據料理的種類區分使用。

再深入探討，油本身的需求改變了，從沙拉油、橄欖油、亞麻仁油（Flaxseed oil）到椰子油，人們的需求大幅進化、多樣化，成城石井一路對應這個變化過來。原社長說：

「成城石井持續堅持顧客想要的東西。不滿足於現狀，隨著時代持續改革，形成今日店裡油品、葡萄酒、乳酪、火腿、巧克力的商品齊全。」

成城石井並不是擺出高級的商品而已，他們和「高級超市」不同，持續堅持顧客想要的東西，持續努力推出多樣的商品，才形成今天的成城石井。

成城石井也堅持商品的種類齊全。

不設定顧客層，喜愛美食的人不分男女

很特別的一點是，成城石井不喜歡行銷這個詞。包含流通業在內，多數的商業至今仍徹底進行行銷分析，以此為基礎設定顧客層，策劃各種戰略。

其中，顧客層的設定尤為重要，因此，分析顧客是男性或女性、分布的年齡層、年收入是多少、家族的構成是、興趣等。然而，成城石井基本上不進行這樣的行銷分析。

「成城石井沒有設定明確的顧客層，我們不以年齡或性別區分顧客。喜愛美食的人不分男女，也與年齡無關。不論是年收入三百萬日圓，還是五百萬日圓，喜愛美味東西的人，心情都是相同的。回應這樣的需求，提供顧客商品，這就是成城石井的思維。」

曾待過各種企業的五十嵐先生，也對成城石井這點感到驚訝。

「成城石井是不喜歡行銷一詞的公司。在公司內，很少聽到這個詞。成城石井不是以決定顧客層、店鋪模式來經營事業，而是從各面向思索如何回應顧客的期待。」

這或許又是一項麻煩、顛覆理論的做法，但卻有其中的道理。年收入三百萬日圓的

人不會買高價的香檳嗎？答案是否定的。實際上，給自己的獎勵，或和心儀對象共度週末的時候，想要購買高價的香檳、葡萄酒、乳酪、生火腿並不是稀奇事。若是以年收入區分顧客，就會漏掉這樣的需求。原社長說：

「消費是受到情感驅使的，是感性的行動，不是理性的行動。所以，重要的是，能夠怎麼訴諸於情感？讓客戶產生「有這種商品啊」的感動、感激和接受細心對待的喜悅，這些地方才是成城石井所重視的地方。」

曾待在大型廣告代理店，在行銷用語滿天飛世界裡累積經歷的五十嵐先生，對此有感而發：

「我想，成城石井也許沒有理性行銷的人，但有著商業頭腦、生意頭腦的人卻很多。從外面轉進來工作的我，對此更有所感觸，成城石井真的是生意人的集團，貪求於賣出商品。但是，正因為這樣的貪慾，所以才認真面對每位顧客的需求。這是以群眾為對象，制式化的行銷難以做到的事情。」

比如新分店的開設，成城石井完全沒有進行正式的調查，沒有對周邊的居民發問卷調查，也沒有進行團體訪談，因為這些都只能知道顧客的一小部分而已。這或許是「這樣的調查哪能看出顧客的需求啊」的生意魂使然。生意，開張後才是勝負關鍵，不看真實顧客的臉，又怎麼能知道顧客的需求呢？不能只顧著追求合理、效率，應該要專注於不斷改變自己。

前面多次提到的「經營方針說明會」，筆者最後想再說一個印象深刻的事情。這是從下午一點到六點共五小時，有社長、員工、人事部長的發言、優秀店鋪的介紹、說明關於成城石井的會議，但過程中有一個詞從來就沒有出現，那就是「品牌」。

該如何建立品牌？怎麼提高品牌形象？怎麼守護？對多數的企業來說，品牌是項重要的議題。然而，在說明經營方針的會議上，「品牌」卻一次也沒有出現過。

但是，這反而令筆者留下好印象。「品牌戰略」有這樣的詞，但我對這個概念本身感到異常。品牌是自然形成，而不是自己去塑造。多數傳統的品牌不都是自然形成的嗎？專注地面對顧客的結果，自然形成了品牌，而不是想要建立品牌，才去塑造品牌。

斥資鉅額資金進行廣告活動等，的確是塑造品牌的方法，但沒有顧客支持所塑造出來的品牌，這樣真的有意義嗎？原社長答道：

「不去想自己是否已經建立了品牌，也許這才是重要的地方。不強迫推銷自有品牌商品也是如此，只是希望自己的商品能成為顧客的一種選擇。我們只是一直尋求能受到顧客支持的東西，顧客肯定了這點。我想就只是這樣而已。」

能夠體驗當地吃法的酒吧

成城石井涉足餐飲業。二〇一三年一二月，麻布十番店的二樓開設了「Le Bar à Vin 52」酒吧。店名如其名，是「酒吧」的意思。五二，是經營會議上也經常出現的五十二週。

座位數有六十四位。這是為了拓展成城石井之名所做的努力。原社長說：

「若能悠閒地體驗成城石井經營的商品，喜歡上我們的商品，顧客便會想要蒞臨店裡購買商品。這間酒吧正是能夠體驗成城石井商品的地方。」

除了香檳、葡萄酒之外，也可以點當場薄切的生火腿、長時間成熟的乳酪、魚子醬、鵝肝醬、松露等，成城石井才有的食材。食材不用說，菜餚的製作也對調味料徹底堅持。換言之，這是間將成城石井美味料理完全傳達出來的酒吧。

「每樣商品都有背後的故事，包裝上也印有生產著的肖像。因為盡是這樣的商品，我們才希望能慢慢向顧客說明，請顧客細細品嘗。」

令人驚訝的是菜單上的價格。因為高檔商品和零售一樣，也是直接進貨，所以能以相當便宜的價格提供。

「很多顧客會對價格感到驚訝。這正是多虧了成城石井的採購力，才有辦法設定的價位。為了提供顧客真正美味的食品，將這個機制發揮至極致，我想還可以衍生出更多其他方法。我們想要持續創新方法。」

以酒吧的休閒形式體現，是原社長的堅持。他希望顧客能以輕鬆、簡單、休閒的方式享受葡萄酒、高級食材。

「這是我在澳洲親身體驗的事。不論是歐洲還是美國，葡萄酒都非常自然地融入日常生活當中。在日本，喝葡萄酒仍穿著正式的服裝，煞有其事似地飲用高貴的葡萄酒，令人感到刻板與嚴肅。我想要改變這樣的印象。」

葡萄酒、香檳的價格設定，也因為這樣而訂在適合的價位。但是，這間酒吧最特別的，應該是高級生火腿、乳酪的裝盤方式吧。

點生火腿拼盤，工作人員會當場薄切生火腿，但並不是精心優美的裝盤，而是依種類豪邁地擺在長方形木製的板狀食器上。

「我們希望顧客用手食用。這是因為我們到義大利、西班牙工廠視察，試吃的時候，就是這樣的食用方式。他們僅是將高級的生火腿擺在砧板上。但是，這樣才好。當地就是這樣的吃法。實際上，用手食用時，手的溫度可融化脂肪。這是我們在當地學到的事情。他們沒有優美裝盤，再用刀叉食用的風俗。」

乳酪的拼盤也是，同樣是在木製的食器上依種類排開。這樣的裝盤很顛覆日本人習慣，但正因為如此，才會對味道上的落差感到驚訝。

「乳酪也是，大塊大塊地切塊食用才是當地的風俗，成城石井貫徹這樣的做法。雖然在日本有一套制式的乳酪切法，但在當地沒有人這樣切乳酪。」

能如同歐洲、美國、澳洲當地人一樣地享用，這就是成城石初建酒吧的概念。

麻布十番店樓上開設的酒吧「Le bar à vin 52」

熱門商品之一，嚴選六種生火腿拼盤

大失敗的開始

然而，這間酒吧一開始可謂一波三折。因為想要貫徹自己的堅持，沒有僱用有餐飲經驗者，也不聘請顧問。不論是內部裝璜、廚房還是服務人員，全部都自己來。結果，開店第一天，店裡陷入混亂狀態。原社長苦笑：

「原本預計中午開店提供午餐，下午三點到五點是咖啡時段，但因為服務水準完全沒有達到預期，不得不緊急關店。」

「怎麼樣讓顧客坐得舒適？」「座位要如何分配？」「通道要多寬？」在開店之前，他們預想了許多問題。

「但是，比預想還要重要的，是外場人員的動線。他們應該要如何移動？我們事前沒有確實討論好。」

開店後，才發現問題點，不論是端出料理還是收拾餐盤，都與外場人員的動線有關係。結果，小錯誤積沙成塔，演變成大錯誤。

「包括我在內，大家都深信，只要將成城石井的服務引進，就能順利營運。將五星競賽的優勝者升為店長，想說他能夠應付，但超市和餐廳的運作模式完全不同。」

開張第一天，下午三點便暫時關店，由原社長親自到前線指揮，想辦法重振旗鼓。不能繼續這樣下去，於是原社長從各分店召集有過廚房經驗、酒類經驗的人員，一口氣增加工作人員，傍晚的時候再度開店。儘管如此，酒吧仍然營運得不順利。原社長說：

「為什麼會這樣呢？當時，事態真的非常嚴重。現在我們仍然對當時造成困擾的顧客感到抱歉。」

以成城石井的做法經營餐廳

只是，他們並沒有輕易放棄。酒吧開幕的下一週，有過飯店服務經驗的部長等人，不斷投入人手協助。而且，當時正好是繁忙混亂的年末，感到擔心的職員、主管們，一位接著一位到店裡幫忙，親自支援內場、外場。

過了年，開幕後約經過三個禮拜的時間，總算抓住了酒吧運作的全貌，營運開始穩定下來了。

第一次著手經營餐飲業，店裡的營運陷入大混亂，但即便如此，他們仍然完全沒有接受外部的支援。原社長這樣說：

「因為我們想要開出成城石井的風格。就餐飲業的人來看，會覺得我們完全是外行人。應該要知道的事情，卻全然不知。但是，我還是想要以成城石井的人員來把酒吧經營起來。若一開始便投入有過餐飲經驗的人員、聘請顧問，不就和當今的餐飲業相似了嗎？這不是我們想要的。不論是料理、服務、待客還是葡萄酒的提供，成城石井有自己一套的做法。若和當今的餐館相似，那就沒有什麼意思了。」

據說當初在設計酒吧的時候，就有各種冷言冷語。原社長繼續說：

「被說了很多喔。『那種店不會有什麼發展。』『最多就在東京開十間、大阪和名古屋數間就是極限了吧。』『這不是顧客的需求吧。』還有人說：『專心於本業吧。』但是，我們覺得不是這樣，果然還是想要挑戰新事物。除了成城石井以外，也想要試著經營餐飲店，許多員工都有這樣的想法。我想要給予他們嘗試的機會。」

經營酒吧的超市，其實從世界的角度來看，並不是什麼新鮮事。

「在美國，有很多超市都有併設酒吧。在日本多為併設咖啡店，雖然和海外的企業情況有所不同，但走出日本看世界的話，很多店家都是一邊販售各種商品一邊發展酒吧。不如說，超市還充滿著其他的可能性。」

好像當初的混亂是騙人的一樣，現在Le Bar à Vin 52變成沈穩的店家。味道和價格本來就極具魅力，現在預約已經多到一位難求，一大早就有許多年輕女性光顧，好不熱鬧。

就餐飲店來說，價位便宜得令人吃驚，但就商業來說，卻是十分合理的價位。成城石井的「機制」實現了這樣的可能。原社長說：

「挑戰新事物時，也會遇到失敗。如果進行得不順利，那就重新規劃，再一次挑戰就可以了。成功，就只是這樣而已。」

顧客諮詢室的聲音，社長必定每天確認

面對新挑戰的同時，也能忘記每天的基本。這是成城石井的風格。原社長說：

「和顧客接觸，確認顧客的需求，配合這些需求提供商品，從事著能讓顧客感到愉快的店舖經營和待客服務。我們只是不斷重複著這樣的過程。若顧客沒有辦法感到愉快，生意也就不成立。」

一旦偏離這個原則，一切就白費了。這麼說的原社長，做為一位經營者，至今仍然每天傾聽顧客的聲音。「顧客諮詢室」收集到的顧客聲音，他必定每天確認。

「每天五點，顧客諮詢室會統整當天收集的顧客聲音，十分鐘後，統整好的資料會送交到我的手上。」

除此之外，只要有時間，原社長也會親自巡視店舖。發現有需要注意的地方，便具體指出來，但不是告訴前線的工作人員、店長，而是區域經理。

「要更加去站在顧客的角度著想。超市是一門深奧的學問。而且，愈是繁忙的店

家，這門學問愈是困難。比如，若當顧客超出估計人數，入口處的購物籃便會不夠等等。」

不讓顧客在收銀區等太久，是成城石井的基本原則。但因為這樣，多數人都會專注於收銀作業，拚命地幫顧客結帳，卻沒有注意到積下來的購物籃。只要稍微留心店內的情形，便會發現有顧客因沒有籃子而用手拿著商品，但工作人員皆忙於補充不斷賣出的商品，沒有注意到客人的不便。

零售業要做的事情真的像山一樣多，這些一點一點的小事情，就是建立信賴、提升營收的關鍵。

信賴顧客是服務業的基本

原社長進入零售業界二十四年，任職成城石井社長三年，原社長是怎麼認識零售業的深奧妙趣呢？

「世間變化的速度真的很快，我想零售業是對應變化的事業。若沒有辦法不斷跟上變化的速度，經營便會出現困難。而且，天候、活動等，影響零售業營收的因素很多。比方說，『明天放晴的話該如何做？』『天氣變冷的話要做什麼嗎？』『遇到節日該如何做？』我們每天都必須思索要如何應對、努力改進。反過來說，這是完全活用我們自己的創意功夫的工作。」

然後，每間店的組織結構由該賣場負責，絕對不能等待總部的指示，因為總部沒有辦法掌握所有區域的天候、狀況。

「一一指示每間分店，這樣會來不及，負責人需要自行思考，以自己的方式安排賣場，不斷反覆試誤學習，經營下去。我認為只能這麼做。」

而且，成城石井不但有獨自的多樣商品，還有商品背後的故事，構造變得更加細微複雜，經營起來更為困難。

「成城石井一直以來挑戰著這個困難，這就是我們存在的意義。只是挑戰簡單的事情，沒有辦法回應顧客的期待。」

據原社長說，他之前完全沒有想過，自己會成為社長，從事像今天這樣的工作。

「我曾經想過回老家繼承蔬菜店，但在成城石井工作讓我感受到，零售業的工作是如此有趣。只是，在進入成城石井的第一、二年，我還沒有注意到這件事。雖然前幾年也相當有趣，但後面所體會到的樂趣，是遠遠在其之上。」

原社長表示，經過三年、四年，回首自己做過的事情、商品的知識，當時真的是知識、經驗淺薄。

「食品的世界，愈是學習，愈能發現其中的深奧。然後，愈是瞭解其中的深奧，愈是知道商品的好，瞭解到成城石井的好。就這個意義來說，我現在仍然在持續學習。說得更深入的話，我想這是一條沒有終點的道路，愈是探索其中的深奧，愈感到快樂的世界。」

然後，原社長表示，自己採取的動作馬上就會出現結果，也是零售業的魅力所在。

「結果是馬上出現。這個速度感是其他領域的工作所不能及的。一在零售業店裡行動起來，一、兩個小時後答案便會出現，非常嚴苛。但是，正因為如此，進行順利的時候，帶來的成就感也相對得大。」

這個過程，會產生與顧客的信賴關係。原社長表示，成城石井必須受到顧客的信賴，但其實，成城石井也信賴著顧客。

「若沒有信賴顧客，也就沒有辦法進行生意。不能單方面為顧客著想，也不能只接受顧客的信賴。同時汲取兩者，合而為一，這才是零售業困難的地方，同時也是有趣的地方。」

為了做到這樣，零售業的最前線需要積極努力才行。這是這次的採訪，筆者深深瞭解到的事情。

「今後還會不斷出現新的行動，挑戰新的事物。我們會繼續摸索，看看這些會在幾年後開花結果？並且為此需要付出哪些努力？就這個意義來說，我們每天都必須不斷地成長。這就是成城石井的工作。」

成城石井至今仍然會繼續改變，繼續尋找顧客想要的商品。

後記

二〇〇三年，搬來成城的時候，我完全沒有想到自己會撰寫關於成城石井的書籍。在各種因緣際會之下，這次，我接下了成城石井書籍的取材和執筆。

過去採訪逾三百人成功者的經驗，讓我產生了一個想法。

「所謂的工作，是幫助到他人。」

這是工作原來的姿態。然而，很多時候，我們會因工作而迷失這個初衷，變成為了公司、上司、自己而工作。

但是這樣一來，就無法完美完成工作，也無法帶來結果。縱使真的有結果，那也不是值得驕傲的結果，難以繼續工作下去。

原本的工作目的，是幫助到他人＝顧客，再擴大一點，那就是幫助到社會。不論是對支付報酬的人，還是對接下工作的人，能否正確完成工作？這才是最重要的事情。這是我採訪多數成功者學習到的事。

在採訪受到眾多顧客支持的成城石井時，我所感受到他們的工作人員正是貫徹了這個初衷。貫徹著「幫助到他人」，成城石井才能一路成長茁壯。

隨著資訊科技的發達，商業活動變得更加複雜，「幫助他人」的定義變得愈加模糊。然而，成城石井至今仍然一股腦地、笨拙地追求著「幫助他人」，令人驚訝地堅持著初衷。

從事商業活動的人，任誰都想要成功、想要事業向上發展。但是，只是空想的話，事情並不會順利進行。能夠順利進行的人，肯定是抱著超乎想像的想法，落實行動。所以，在接受採訪的時候，他們才能夠侃侃而談。這次的採訪讓我瞭解到這件事。

有沒有能對他人侃侃而談的想法與堅持？有沒有抱著令人驚訝的信念？這就是成功的關鍵。事物的順利進行，必須有著相當的理由。

我想，這道理適用於各種事業。這次的採訪，讓我學到很多東西。

最後，再次感謝提案本書企劃的朝出版吉田伸先生。吉田先生和我一樣，對成城石井深感興趣，在取材的過程，從和我不一樣的角度切入，提出切實的問題。

另外，本書的製作，真的受到成城石井同仁的照顧。撥出寶貴時間接受長時間取材的原昭彥社長、企業溝通室長的五十嵐隆先生、宣傳課課長的前川康子先生，以及所有接受採訪的人員、讓我參觀的店鋪，在此至上深深的感謝。

對熟知成城石井的老顧客，或是流通業界的人而言，本書的內容可能是小巫見大巫。縱使只有一些，若能書中發現自己所不知道的成城石井，那是我莫大的榮幸。

另外，若本書的內容能帶給完全不同業者的人士刺激與學習，我會備感榮幸。

上阪　徹

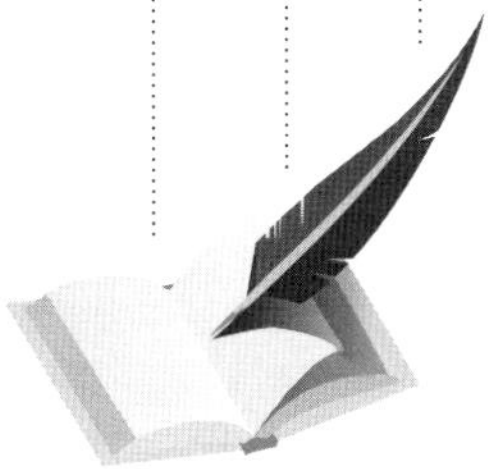

Note

Note

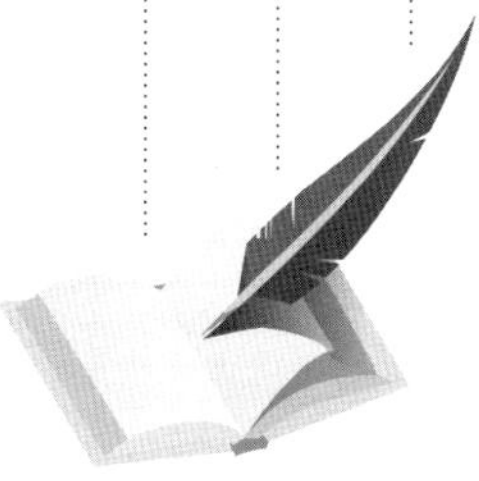

Note

國家圖書館出版品預行編目(CIP)資料

質感行銷哲學：成城石井的不削價經營法 / 上阪徹著 ; 衛宮紘譯. -- 初版. -- 新北市 : 世茂, 2016.02
面 ;　公分. -- (銷售顧問經典 ; 85)

ISBN 978-986-92327-1-5(平裝)

1.商店管理 2.銷售管理

498　　104020799

銷售顧問經典85

質感行銷哲學：成城石井的不削價經營法

作　　者 / 上阪徹
譯　　者 / 衛宮紘
主　　編 / 簡玉芬
責任編輯 / 李芸
封面設計 / 劉凱亭
出 版 者 / 世茂出版有限公司
地　　址 / (231)新北市新店區民生路19號5樓
電　　話 / (02)2218-3277
傳　　真 / (02)2218-3239（訂書專線）
(02)2218-7539
劃撥帳號 / 19911841
戶　　名 / 世茂出版有限公司
單次郵購總金額未滿500元（含），請加50元掛號費
世茂網站 / www.coolbooks.com.tw
排版製版 / 辰皓國際出版製作有限公司
印　　刷 / 世和印刷股份有限公司
初版一刷 / 2016年2月
二刷 / 2016年5月

I S B N / 978-986-92327-1-5
定　　價 / 300元

SEIJO ISHII HA NAZE YASUKUNAI NONI ERABARERU NOKA?

Photos by KEIKO ODA.
Originally published in Japan in 2014 by ASA PUBLISHING CO., LTD.
Chinese translation rights arranged though TOHAN CORPORATION, TOKYO.